U0931991

中國白酒潮得起

方啟聰 著

J.P.C

推薦序一

認識 Tomy 的契機，源於他創立的本地手工啤酒品牌「蜜蜜啤」。當時與我的家電品牌合作，共同製作菜餚搭配啤酒的線上節目。合作過程中，Tomy 的創意才華、敏銳的市場嗅覺，以及對手工啤酒事業的專注投入，都令我印象深刻。他凡事親力親為的敬業精神，尤其值得學習。

隨著交往日深，我發現 Tomy 在酒類領域的造詣遠不止於此。他不僅是一位資深酒商，更在中國白酒、威士忌、日本清酒、梅酒及葡萄酒等領域都有深厚造詣。作為國際知名的酒類評委，他始終保持著專業的精神。二〇一七年，他創辦香港首個清酒大賽香港品味潮人清酒大賞（TTSA），二〇一九年成功研發愛幸福手工洛神花酒，將個人興趣轉化為事業成就。

二〇一六年，他受香港三聯邀請，撰寫香港首本手工啤酒專著《走進手工啤酒世界》；二〇二三年又與靈思合著《100 支酒與我和他和你》。如今，在香港酒類文化蓬勃發展的黃金時期，他將研究視野投向中國白酒文化，可謂水到渠成。

有幸見證 Tomy 從手工啤酒專家，到清酒、葡萄酒權威，再到中國白酒文化推手的成長歷程。相信本書必將成為連接傳統與現代、東方與西方的重要橋樑。讀者跟隨 Tomy 的專業筆觸，收穫到的不僅是品鑑中國白酒的知識，更是一場跨越時空的文化對話。

陳嘉賢教授，太平紳士

德國寶香港有限公司執行董事

Sparkle by Karen Chan 新派華服品牌創辦人

推薦序二

能夠為 Tomy 的新書《中國白酒潮得起》撰寫序言，是一份難得的緣分。作為香港餐飲聯業協會主席，我見證著香港餐飲業不斷求變與創新。從國際美酒佳餚薈萃到本地獨有飲食文化，香港一直是中西交匯、百花齊放的美食之都。中國白酒作為華人飲食文化中不可或缺的一環，近年來更逐漸走進本地餐桌，成為餐飲業界關注的新熱潮。

中國白酒歷史悠久，風格多元，承載著千年傳統，也蘊藏著無限創意和發展潛力。作為餐飲從業者，我們不斷思考如何將中國白酒與本地佳餚融合，為顧客帶來嶄新的味覺體驗。Tomy 多年來積極推廣多元酒類文化，不僅是業界的先鋒，更是推動中國白酒普及化的重要推手。從舉辦專業比賽、酒會品鑑，到親身走訪酒廠、鑽研知識，他對中國白酒的熱情和投入有目共睹。

《中國白酒潮得起》不僅詳細介紹了中國白酒的獨特性與多樣性，更以深入淺出的方式，讓讀者感受到中國白酒的獨特魅力與無限可能。書中內容兼具專業與趣味，無論是業內同仁還是普羅大眾，都能從中獲益良多。相信有了這本書的指引，大家會以全新角度認識、欣賞及品味中國白酒，讓這份中華瑰寶在香港，以至國際舞台上綻放新光彩。

誠意推薦本書給所有關心飲食文化的朋友，讓我們一同見證中國白酒的新潮流。

楊振年

香港餐飲聯業協會主席

富臨集團執行董事

推薦序三

感謝主讓 Tomy 學以致用，把興趣變為專業，再成為事業！

他認真追求不同的酒類知識技藝，並樂在其中；他打從心底快樂地與人分享美酒背後的各種文化和匠藝傳承；渴睡的他每次就算為項目忙得不可開交，為了履行交稿承諾，仍會堅持每天清晨五時起床寫書……這些點滴，讓我不得不佩服他對酒的熱誠啊！

《中國白酒潮得起》的出版，讓我欣賞 Tomy 對不同酒類產品市場的洞察力！二十多年前當香港還有葡萄酒稅時，他先走進葡萄酒世界；當香港人還未注意到手工啤酒時，Tomy 憑自修研習，成為第一位考得 BJCP 啤酒認可級別評審、亞洲首位巴塞隆拿啤酒挑戰賽啤酒評審，是香港手工啤酒市場的先導者！當大部分愛好清酒的香港人還只會喝大吟釀時，他讓我一起於二〇一七年首創香港品味潮人清酒大賞（TTSA），以比賽教育消費者認識更多清酒種類，並提供更多元化的選擇。二〇二二年，Tomy 認為中國白酒將成為烈酒類另一股潮流，便開始研究中國白酒。二〇二三年，Tomy 是第一位考取了 CBC 中國白酒進階認證的香港人。二〇二四年，我們更首辦包含了中國白酒類別的品味潮人烈酒大賽（TTSC），讓我們了解到烈酒愛好者對不同酒類的取態！

在本書中，Tomy 毫不吝嗇地分享其創作的口訣，讓大家速記中國白酒十二種香型。他亦傾囊而出，分享推動中國白酒的新思維——「老酒新杯，潮品慢嚐」的品嚐方式和態度，以至如何讓人重新想像中國白酒的心得和建議。他對中國白酒的願景，和他對中國白酒之愛可見一斑。

不論你單純對中國白酒有點好奇，或是正在推廣中國白酒的業界人士，又或只是有興趣認識中國另一種軟實力——中國白酒，相信只要細讀這本書，你都會找到值得參考之處。讓我們「酒遊」一遍中國白酒的世界吧。

Kennie So

品味潮人聯合創辦人

蜜蜜啤品牌創辦人

推薦序四

當聽到 Tomy 及其團隊告知 Tomy 會為中國白酒編寫一本新書時，我頓時為他及整個酒界感到鼓舞。

與 Tomy 相識接近十年。在我心目中，Tomy 是酒界裡一本不斷更新的百科全書。由葡萄酒、手工啤酒、日本清酒、燒酎、西方烈酒到中國白酒，他都不斷鑽研深造，務求成為酒類的智慧寶庫。

我最欣賞 Tomy 的，是他不單會認真追求書本上的理論知識，更會透過實驗嘗試和實踐。不論是釀造手工啤酒，還是品鑑葡萄酒、烈酒，他都一絲不苟。

作為酒杯及酒類配件經銷商，我也深深地受到 Tomy 的啟發。Tomy 設計的 WAVE 手工啤酒杯，是我入行以來首個讓我的公司研發及生產的酒杯。Tomy 及其團隊所籌辦的酒項比賽，促使我們採用不同形狀和物料製成酒杯，以品鑑不同種類的酒，加深我們對不同杯形設計特性的理解及對酒類發揮的認知。這使我獲益良多，亦鞏固我們對酒杯的理解及認知。

我衷心祝願 Tomy 的新書能讓酒類愛好者及大眾認識中國白酒，並踏出嘗試的第一步。喜歡與否並不重要，最重要的是這本新作能貫徹 Tomy 的精神——實事求是，同步同進。

龔滙佳 Gabriel Kung

公啟行有限公司總經理

推薦序五

當 Tomy 邀請我為他的新書《中國白酒潮得起》撰寫序文時，我受寵若驚。我與 Tomy 的相識要追溯到十多年前，那是我創業初期。當時，市場上充斥著法國紅酒與日本威士忌，他反而主力推廣香港釀造的梅酒，因而顯得獨樹一幟。在芸芸酒商中，Tomy 最獨具慧眼，帶領潮流。當清酒愛好者仍屬小眾時，他便創辦 TTSA 清酒大賞；在多數人還停留在商業啤酒的時候，他已成為國際啤酒評審。此外，他更在香港釀造手工啤酒，並創立手工啤酒品牌，可算是先鋒。

二〇二四年春天，當他問我是否有興趣參與他的新項目——TTSC 烈酒大賽時，我毫不猶豫地答應了。憑藉舉辦清酒大賽的經驗，他希望藉著烈酒大賽推廣各類烈酒——威士忌、氈酒、龍舌蘭等等。然而，我看得出他最落力、最專注推廣中國白酒。他的目標是邀請各方中國白酒生產商參賽，力求涵蓋所有香型的中國白酒。其實，Tomy 對中國白酒的熱愛早就有跡可尋。在我們開始合作之前，每逢我的店舖有中國白酒品鑑會，他例必捧場。他甚至專程前往內地，考取中國白酒的資格認證。

身為酒類零售商，我必須對店內銷售的每一款酒有深入認識。我十分期待閱讀 Tomy 對中國白酒的獨到見解，也相信讀者們讀過這本書之後，對如何品嚐中國白酒會有一番領會。說不定還會急不及待地走到鄰近的酒行，選購幾瓶好酒，親自品嚐箇中滋味。

Zachary Chan

HK Liquor Store 聯合創辦人

推薦序六

很高興得到小兒邀請為新書寫序，對我來說是個很大的驚喜及挑戰。雖然可能會執筆忘字，詞不達意，但無論如何也希望為他點綴一下。

Tomy 是個虔誠的基督徒，他勤奮、好學、樂觀、平易近人、腳踏實地，對家人兄姊，前輩朋友，尤其是他的兒子呵護備至，教導有方，一直以來都充滿了愛。

自從得知他對酒有濃厚興趣，熱愛品酒及鑽研不同的酒類後，我便對他另眼相看。他入行已二十年，由葡萄酒、烈酒、梅酒、清酒，以至手工啤酒，他對秘方研發釀酒技術都精益求精。他舉辦香港品味潮人清酒大賞及品味潮人烈酒大賽，又舉辦多個品酒會及講座，憑他的專業知識娓娓道來，很是動聽，吸引了不少酒類愛好者的讚賞及掌聲。近期他的團隊更推出無酒精蘋果酒，老少咸宜。他花了不少心思，經過多番研究才推出，值得一試。

他的第一本著作是《走進手工啤酒世界》。書內介紹了手工啤酒的釀製過程，如何品嚐及評審。又介紹手工啤酒與食物如何配合，令讀者們對手工啤酒有所認識。

二〇二三年，Tomy 與靈思出版名為《100 支酒與我和他和你》

的著作。這本書獨特之處是由兩位作者合著，他們對酒類都有相當認識。書內資料豐富，以小品形式表達。他們適當地使用《聖經》的詞彙，引經據典地從初嚐、品嚐、品鑑及回味四個階段介紹，讓讀者們一目了然。我最欣賞兩位作者做人處事的態度及人性本質。從古至今，他們把不同年代都寫得淋漓盡致，讓讀者體會到不可多得的人情味。

事隔兩年，Tomy 撰寫了這本以中國白酒為主題的新書。中國白酒歷史悠久，擁有深厚的文化底蘊。中國有很多好山、好水、好地方，每個地方都有獨特的釀酒方法。醬香型、馥郁香型、濃香型，紅潭醬酒、五糧液以至茅台酒，中國白酒的種類繁多，不勝枚舉。我很期待新書面世，亦希望先睹為快。能夠藉此加深對中國白酒的認識，實在是賞心樂事。

順祝 Tomy 新書暢銷。
一紙風行千萬里，
書朋酒友盡歡顏。

父　方志生

自序

這本《中國白酒潮得起》已經是我的第三本著作，以分享酒類知識來推動品酒文化已經成為我的終生使命，可以把興趣變成事業，是一件幸福的事。

二〇一四年第一次踏足貴州，工作後我參加了一場中國白酒的發布會。這是我第一次認真地品嚐中國白酒。與之前喝中國白酒「杯杯清」的經驗不一，這次由講師導賞，我們品試了八款醬香型白酒。我當時真的很驚訝，每款酒各有特色，能夠嚐到每一杯的分別，但又難以形容香氣和味道的組合變化。我覺得相當神奇，由那時開始，我生出要學習中國白酒，要揭開她那神秘面紗的念頭。可惜一直以工作繁忙為藉口，而未能下定決心。

三年疫情令我深深地反思，原來可以出行不是一件理所當然的事。所以二〇二三年恢復通關之後，我毫不猶疑，馬上報名三月到成都上 CBC 中國白酒課程。我足足花了三個多月，不停來回成都和香港。透過課程，我學習到很多知識，也開了眼界。感恩最終成功考獲進階資格，原來我是第一位考獲進階認證的香港人！這個認證得來不易，當時能在香港買到的中國白酒實在少之又少，考試前很缺乏練習，全憑我上課時的記憶、多年來的品飲經驗和對技術的研究。

考獲資格其實只是開始，研究成癮的我不斷鑽研，持續地拜訪不同酒廠，並有系統地品試、自修學習。與此同時，我也看到中國白酒在香港開始受到關注，便認為有需要出版這本書。

希望藉著這本書，能讓對中國白酒有誤解的你改觀；能讓對中國白酒有一定認知的你增廣知識，並驅使你積極探索；能讓從事相關行業的你找到功能價值；能讓正在推廣中國白酒的你找到新方向、新方法。

目錄

第一章 中國白酒的獨特性

中國五千多年歷史，文化之深厚，源遠流長，相信已經不需我多說。而中國白酒在飲食文化上扮演重要的角色，是中華民族其中一項不可或缺的重要文明。大大小小的餐桌宴會上，無不看到中國白酒的蹤影。中國一向有「禮儀之邦」的美譽，中國白酒也成為大方得體的送禮佳品。而且，「中國傳統製茶技藝及其相關習俗」在二〇二二年成功入選聯合國教科文組織《人類非物質文化遺產代表作名錄》，為同樣擁有傳統生產技藝以及深厚文化底蘊的中國白酒申報非物質文化遺產提供了寶貴的經驗和借鑑。

二〇一二年，不少釀造中國白酒的老酒坊已經被國家文物局納入首批《中國世界文化遺產預備名錄》。二〇一八年六月中國白酒申遺共創聯盟正式成立，多家酒商聯合發布倡議書，協助推進中國白酒申報非物質文化遺產。二〇二一年六月，工業和信息化部工業文化發展中心聯合中國文物交流中心和多間酒廠代表，組成中國白酒聯合申遺籌備會，共同簽署《中國白酒聯合申遺共識》。

中國白酒的酒瓶各有特色

一、起源

中國白酒的起源，自古以來有不少說法和傳說，如「儀狄造酒」。在不同的史籍中有多處提到儀狄，例如漢代劉向編輯的《戰國策》提及：「昔者帝女令儀狄作酒而美，進之禹，禹飲而甘之，遂疏儀狄，絕旨酒，曰：『後世必有以酒亡其國者。』」《呂氏春秋》也提過「儀狄作酒」。

另一說法是「杜康造酒」。杜康，字仲寧，陝西白水縣人，一說

清代發現的陶罈

生活於漢代，善於釀酒。據清代梁善長所著的《白水縣誌》記載：「漢，杜康，字仲寧，相傳縣康家衛人，善造酒。」在三國時代，曹操《短歌行》也有提及：「慨當以慷，憂思難忘。何以解憂？唯有杜康。」

不過這些傳聞並沒有提及當時造酒的方法和所造的是什麼酒。那些酒是否本書的主角——中國白酒？真是不得而知。

蒸餾技術

中國白酒是蒸餾酒，所以從科學的角度去推斷，要先有蒸餾技術，才有中國白酒。目前最多人相信的是蒸餾技術始於古代的煉丹術。說到煉丹術，最家傳戶曉的莫過於秦始皇為求長生不老，派遣徐福前往海外的島嶼求藥。但如果要有典故支持，就要到明朝。李時珍所著的《本草綱目》中，明確記載了蒸餾酒和蒸餾技術原來早在元代已經出現：「燒酒非古法也。自元時始創其法，用濃酒和糟入甑，蒸令氣上，用器承取滴露。凡酸壞之酒，皆可蒸燒。」

青銅蒸餾器（仿東漢複製）

二、定義

中國白酒是源自中國的蒸餾酒。糧穀為主要原料，並以大麴、小麴、麩麴、酶製劑及酵母等為糖化發酵劑，經蒸煮、糖化、發酵、蒸餾、陳釀、勾調等工序生產而成。根據二〇二一年的新標準，中國白酒不再允許使用非穀物類食用酒精及食品添加劑。

中國白酒在國內的產區分布甚廣，從四川、重慶、貴州，至廣東、廣西、江西，再到湖南、湖北、河南、河北、山東、山西、北京、天津、江蘇、安徽，也有中國白酒廠及品牌。中國白酒甚至不再局限於國內生產，美國、英國、澳洲、新西蘭等國家也生產中國白酒。中國白酒文化已經受到國際的關注，漸漸成為一種令中國人自豪的軟實力！而且越飲越「潮」！

要了解這股軟實力，一同跟中國白酒「潮」起來之前，我們必須要對中國白酒十二香型有基礎認識。十二香型可以說是在風味上不同的表達。雖然同屬蒸餾而成的中國白酒，但在選取原材料、釀造工藝技術的發展、地區之間造酒文化差異等等的影響下，造就出十二種不同的風味。加上國家標準（GB/T）的制定，用家更容易找到自己的心頭好，並能有系統地學習箇中精髓。

以下表格將簡單介紹中國白酒十二香型的特點，〈中國白酒的多樣性〉一章會有更詳細解釋。

醬香型 （Sauce Aroma）	起源於貴州省。以高溫製麴、12987 工藝為特點，形成醬香突出、回味悠長的風格。 代表：茅台、國台、習酒、珍酒。
濃香型 （Strong Aroma）	主要在四川省及江淮地區一帶生產。以泥窖固態發酵工藝釀酒，窖香濃郁，因此以「窖池老，酒才好」而聞名。 代表：瀘州老窖、五糧液、劍南春、水井坊、洋河夢之藍。
清香型 （Light Aroma）	山西汾酒最享負盛名。使用地下陶缸發酵，酒體清香純淨。風格上更能細分為大麴清香型、小麴清香型和麩麴清香型。 代表：山西汾酒 、江小白、二鍋頭。
米香型 （Rice Aroma）	以大米為原料，小麴半固態發酵。米香清雅，口感爽淨。廣東和廣西為核心產區。 代表：桂林三花酒。
鳳香型 （Phoenix Aroma）	陝西省鳳翔區為核心產區，具獨有的酒海儲存工藝。風格清而不淡、醇厚甘潤。 代表：西鳳酒、太白酒。

兼香型 （Mixed Aroma）	結合濃香型與醬香型的工藝，風味集兩家之長，平衡度高。 代表：白雲邊、口子窖。
芝麻香型 （Sesame Aroma）	磚窖固態發酵，以大麴和麩麴混合釀造，產生出如烘烤過的芝麻香氣。 代表：景芝酒。
豉香型 （Chi Aroma）	以肥豬肉浸泡陳釀而聞名，形成獨特的豉香。 代表：石灣玉冰燒。
特香型 （Special Aroma）	由醬、濃、清三種香型演化而成，所以有「三型俱備猶不靠」的美譽。 代表：四特酒。
藥香型 （Medicine Aroma）	採用多種中草藥來製麴，散發獨特的藥材香氣。 代表：董酒。
老白乾香型 （Laobaigan Aroma）	以地下陶缸發酵、採用老五甑法工藝。醇香清雅，柔順甘美。 代表：衡水老白乾。
馥郁香型 （Extra-Strong Aroma）	大小麴並用工藝，取前濃、中清、後醬的層次感。 代表：酒鬼酒。

坊間對中國白酒有很多誤解及迷思，要推動中國白酒文化並不容易。如果不是業內人士，要牢牢謹記十二香型的名稱不是易事。基礎這麼困難，很容易令人卻步。有見及此，我在二〇二三年創作了容易上口又押韻的「潮得起中國白酒十二香型口訣」：

醬濃清鳳，特米藥豉；
芝麻馥郁，兼老白乾。

三、三大酒類

要了解蒸餾酒的生產原理前，首先要介紹酒精產生的原理和種類。

● 發酵酒

顧名思義是經過酒精發酵的酒。所謂酒精發酵，就是糖分在適合的環境下，被酵母這種微生物轉化成酒精，過程中會產生二氧化碳。發酵酒的酒精濃度一般偏低，由幾度至十幾度不等。手工啤酒、葡萄酒和清酒都是經發酵釀造而成的發酵酒。酒精發酵主要分為兩大類：單發酵和複發酵。

單發酵是把本身已經含有天然糖分的原料，如水果、甘蔗等，加入人工或空氣中的酵母，當中的天然糖分會轉化成酒精。葡萄酒就是酵母直接把葡萄內的果糖轉化成酒精。

複發酵可分為兩種，單行複發酵和並行複發酵。

手工啤酒屬於單行複發酵。首先把收割回來的麥浸泡在水中，在適當的溫度和濕度下，麥便會開始萌芽。麥在萌芽期間會產生糖化酵素。把萌芽的麥烘烤，再經熱水浸泡，糖化酵素便能把麥芽內的碳水化合物及蛋白質分解成糖分和氨基酸，這過程稱為糖化。糖化後再加入人工或空氣中的酵母，便可發酵成為手工啤酒。

並行複發酵是釀製清酒的發酵方法。糖化和發酵的過程不像單行複發酵般分開進行，而是米和米麴同時進行糖化及發酵。

●浸泡酒

把水果、草本植物或香料浸泡在發酵酒或蒸餾酒中。常見於梅酒、洛神花酒、利口酒（Campari）等等。

酒甑和冷凝器

●蒸餾酒

所有蒸餾酒在經過蒸餾前，都要先經過發酵程序，才能產生酒精。例如麥芽威士忌，原材料主要是大麥，在蒸餾威士忌前，大麥其實已經完成了複發酵。因此，有人會形容未蒸餾前的威士忌為沒有加啤酒花的啤酒。

而中國白酒大部分採用固態發酵法，如高粱等糧穀原材料在蒸餾之前也經歷了複發酵。糧穀首先經過糖化，之後加入白酒酒麴發酵，過程中會產生酒精。發酵後的糧穀稱為酒醅，酒醅會在固體狀態下在甑[1]進行蒸餾。

蒸餾的原理是這樣的：酒液加熱後會沸騰。由於酒精的沸點只有78.3℃，比水的100℃低，所以可以蒐集揮發成蒸氣的酒液。經冷卻後，酒蒸氣會再轉化成液體。這些酒液含有高濃度酒精，無色透明，一般要加水以降低酒精濃度才能飲用。蒸餾取酒後，剩餘的糧穀殘渣稱為酒糟。

---

1 甑是一種傳統的蒸餾器具，在中國白酒的釀造過程中，用於盛載發酵後的酒醅。傳統的甑多為木製（如杉木、松木），現代有些酒廠會使用金屬材料。即使成本較高，很多傳統酒廠仍會堅持使用木製的甑，因其能給予白酒獨特的風味。

四、釀造中國白酒的三大材料

●糧乃酒之肉——糧穀原料

很多人都以為中國白酒的主要原料是米，因為大家在超級市場或雜貨店經常看到的廣東米酒、雙蒸米酒等等，都是無色透明，高酒精濃度，便以為中國白酒是用大米來釀造。其實大米只是其中一項原料，釀造中國白酒最主要和使用量最高的糧穀原料是高粱。常見的還有糯米、粟米、小麥。

高粱

《本草綱目》記載：「蜀黍北地種之，以備糧缺，餘及牛馬，蓋栽培已有四千九百年。」蜀黍是高粱當時的名稱，宋朝時經古印度傳入中國，在中國有超過五千年的種植歷史。高粱喜溫、抗旱、耐澇，而且不像水稻種植的大米，高粱在雨水較少，濕度較低的北方也能種植。另外，由於高粱的澱粉含量極高，亦含有適量的蛋白質和單寧（Tannin），脂肪較少，而且不含麩質，十分適合用來釀酒。

中國白酒的香氣主要來源便是高粱。當高粱經蒸煮發酵後，單寧和花青素會釋放出獨特的酚類化合物，散發出迷人的酒香。

高粱口感乾澀，而且不利人體吸收。在戰爭時期，因為容易種植及價格便宜，還可以當作糧食；但到了和平盛世，人民自然選擇較好吃的食物，大米和小麥更是中國人的主要食糧。所以不太適合當作糧食的高粱便可以無顧慮地用來釀酒。

高粱可以按顏色來區分，有紅、黑、白、黃、青等。但說到用來釀酒，便會以黏度來分類，分為粳高粱和糯高粱。

粳高粱多數在北方種植。粳高粱內的澱粉質，直鏈澱粉含量高，蛋白質也較高，質地較硬，破碎後容易成粉狀，吸水能力較弱。粳高粱大約高一百五十厘米，適合以機械採收，價格相對較低。

糯高粱多數在南方種植。澱粉質大部分都是支鏈澱粉，結構較為疏鬆，蛋白質含量低。質地柔軟，破碎後多數會變成片狀或塊狀。吸水性強，蒸煮時澱粉較容易糊化，蒸煮後結構還能保持緊密，所以可重複蒸煮。釋放澱粉質的速度也較緩慢，能延長發酵時間，讓複雜的香氣成分有更多時間累積。糯高粱高二百五十厘米以上，需要人手採收。雖然價格較高（和粳高粱的價格可以相差十倍之多），但酒的質量較高。

四川南部的瀘州地區氣候溫和，日照時間和降雨量都相當適合糯高粱的生長。加上得天獨厚的紅泥土壤，所以瀘州老窖在當地種植兩種有機糯紅高粱，分別稱為國窖紅一號和青殼洋高粱，用來釀造高端中國白酒。

大米

大米除了是中國白酒的原料，也是發酵酒——黃酒的主要原料。大米的澱粉質含量比高粱高，但蛋白質、脂肪相對少，吸水力強，易於發酵，能釀造出熟飯般的香氣，酒體乾淨的口感。

糯米

黏度很高，一般會混合其他原料釀造中國白酒，能為酒品增加甜度。

粟米

澱粉含量高，跟高粱不遑多讓。但結構緊密，就算蒸煮後也不會糊化。價格便宜，也能為白酒帶來額外的甜味。

小麥

除了澱粉質和蛋白質外，小麥還含有小量蔗糖、葡萄糖、果糖等，能使釀造出來的白酒散發出如蜜糖的香氣，口感也較綿柔。

小麥也是另一釀造中國白酒的材料——麴的重要原料。

糠殼

酒廠不一定會在酒標上提及此材料，但它是中國白酒生產中重要的輔料。

糧穀原料一般經粉碎後會直接加水蒸煮，但容易蒸成一團。加入一定分量的輔料，就可以避免蒸煮成團塊，提高蒸餾效率。糠殼是糧穀的外殼，蒸煮後也不會糊化。疏鬆的結構可以保持一定的含氧量，有助發酵。

然而，輔料不宜添加太多。添加過多會導致供氧過量，酵母過度活躍會使發酵過快，從而影響酒質。糠殼在使用前要先蒸煮大約三十分鐘，防止為酒帶來糠味，使中國白酒味道欠佳。最常用的糠殼是稻殼（稻米穀粒的外殼），其次是穀糠和高粱殼。

●麴乃酒之骨——白酒酒麴

酒麴對中國白酒相當重要，那什麼是酒麴呢？從科學的角度來看，酒麴其實是從發霉的糧穀演變出來。酒麴是固態的，有多種類型，不同類型有不同形狀。酒麴是由含澱粉質的糧穀如小麥、大米精製而成。糧穀精製後，會含有大量微生物如細菌、霉菌，也含有大量不同種類的酶（Enzyme），如澱粉酶、蛋白酶、纖維素酶、酯化酶。酶具有催化作用，能大大加快化學反應的速度。酒麴就是高效率的糖化發酵劑。

最早關於酒麴的文字記載，是周朝著作《書經・說命下》:「若作酒醴，爾惟麴蘗[1]」。北魏時代的《齊民要術》，第一次全面地介紹酒麴的製造技術。時至今日，製造酒麴的技術已經達到相當高的水平，並廣泛應用在中國白酒和黃酒的生產中。

白酒酒麴的四大作用

糖化發酵

糧穀內的澱粉無法像葡萄等水果般能直接進行酒精發酵，需要澱粉酶把碳水化合物分解，並轉化為可發酵的糖分才能夠完成。這就是之前提過複發酵中的糖化。

原料組成

白酒酒麴的材料主要是含澱粉質的穀物，所以已經是原料的一部分。這些糧穀經過蒸煮便能產出糖，而且帶出不同風味。

增加風味

白酒酒麴中不同種類的酶可以增加中國白酒的風味。例如蛋白酶

1 中國人對酒麴的認知，最早是從發霉和發芽的穀物開始。起初並沒有人知道這兩者的分別，後來才發現當單獨使用其中一樣來釀酒，酒的風味會有分別。於是將發霉的穀物叫作麴，發芽的穀物稱作蘗。

可以把糧穀內的蛋白質分解成氨基酸（Amino acid）；酯化酶能催化酸和醇反應，生成酯（Ester）是白酒香味中重要的物質。纖維素酶可以增加原料的使用率，也能提升酒質。

提供菌源

白酒酒麴含有大量微生物，而微生物在釀造過程中扮演著很重要的角色。白酒酒麴內的天然酵母負責發酵，發酵後的產物對風味具有特殊作用。有些微生物負責產生乳酸，有助降低酒液的酸鹼值，為其他微生物創造適合生存的環境；有些在高溫和高酒精濃度下的環境也能夠保持活躍，從而影響風味。

根據這四大作用，可見白酒酒麴的質量相當重要，說它會直接影響製成品的好與壞也絕不為過。大家有沒有見過在中國白酒的酒標上，寫著特麴、頭麴或二麴這些字眼呢？在產能較低的年代，很多酒廠會用白酒酒麴的質量來劃分等級。特麴，是特別高質量的白酒酒麴；頭麴，是頭等白酒酒麴；二麴，是二等白酒酒麴。至今在市場上依然可以看到這些分類。

除了質量的分野，不同類型的白酒酒麴都會直接影響酒的風味，甚至是香型。白酒酒麴主要分為四類型。

大麴

主要原料為小麥，也可以用大麥、豌豆為配料，是主流優質中國白酒常用的酒麴。形狀一般是磚形，但尺寸比一般街上看到的磚頭大，大約兩塊。大麴要做到一絲不苟，很多細節如溫度和原料比例都要特別留意。以下深入淺出地說明複雜的製作工序。

首先揀選顆粒飽滿且優質的小麥，加入大約 70℃的溫水，把小麥浸泡數小時。當小麥的含水量達到大約百分之十五，便可以連皮一起碾磨。碾磨後加入水和麴母[1]，一同攪勻。冬季時用暖水，夏季時則用自來水。含水量提升至大約百分之四十後，就把攪勻了的原料壓製成磚形，並放在戶外一段時間，讓表面在日光下曬乾。水分蒸發後，便可以安置在麴房。擺放時，在每磚大麴之間留出小空間，讓微生物自然生長和繁殖，這工序稱為安麴。雖然一般安麴時間為一至兩個月，但由於微生物對溫度相當敏感，因此在不同地區和不同季節，安麴的時間也有差異。安麴後，再儲存三個月便可以使用。

雖然每一間大酒廠都有自己製麴的配方，但由於不同溫度會影響微生物在大麴內的數量和種類，所以一般會以溫度細分三個種類。

在安麴期間，溫度達致 63℃的稱為高溫大麴：包括酵母在內，抵受不住高溫的微生物不會存活，所以高溫大麴內的酵母量極少，多數用於釀造醬香型中國白酒；溫度大約保持在 55℃的稱

---

1 傳統酒廠會保留歷代優質白酒酒麴作為麴母，形成獨特的微生物基因庫。透過加入麴母，能將特定的微生物傳遞到新麴中，從而增加中國白酒的風味。

為中溫大麴：微生物的種類相對較多，能夠存活和繁殖的天然酵母數量也較多，多數用於釀造濃香型中國白酒；溫度大約在45℃的稱為低溫大麴：因為擁有更多微生物及酵母，所以發酵期較短，出酒率較高，多數用於釀造大麴清香型中國白酒。

控制安麴溫度的方法相當天然。由於微生物生長繁殖的時候會產生熱能，麴房的室內溫度會提升，所以製麴者會利用大麴的數量來控制室溫：數量多會較高溫，數量少會較低溫。

小麴

主要原料為大米和米糠，早期也會加入不同中藥或草本植物為輔料。不過時至今日，為了減少小麴製成品的雜質，已大幅降低中藥或草本植物的成分，取而代之是加入麴母。每塊小麴的尺寸大約直徑二至五厘米，大小如乒乓球般，呈球狀或立方體。

小麴的製作工序相對簡單，所需時間較大麴短。首先把浸泡過的大米碾碎，並與其他輔料混在一起。壓製成形後，在 28 至 30℃的環境下安麴。由於小麴中的微生物主要是酵母和霉菌，比大麴單一，所以只需要在嚴格控制溫度下繁殖三至五天，之後烘乾，待水分降低後便可儲存備用。

小麴發酵期短，出酒率也較高，故此成本相對低。但微生物種類少，釀出來的酒風味都比較簡單，多數用於釀造小麴清香型和米香型中國白酒，也適合釀造黃酒。

麩麴

麩麴以麩皮為原料，蒸熟後人工接種霉菌和其他微生物。跟其他白酒酒麴不同，麩麴採用已煮熟的原料，所以微生物的種類更加少。但由於製作週期短，出酒率高，在成本較低的情況下，適合釀製中低端的中國白酒，多數用於麩麴清香型和芝麻香型中國白酒。在釀製芝麻香型中國白酒時，更會和大麴一同使用。

麴餅

以大米和黃豆作為原料，添加草本植物或中藥以製成餅種，安麴培菌大約十天而成。尺寸如大麴一樣，但比較薄身，如餅狀，所以名為麴餅。多數用於釀造豉香型中國白酒。

●水乃酒之血——釀酒用水

常言道，好山好水釀好酒，水是釀造中國白酒重要的一環。

所謂逐水而居，大部分知名的酒廠都依水而建。廣西的桂林三花酒從灕江底大概三十厘米以下的地方取水；貴州茅台採用由政策保護的赤水河作為釀酒用水，所以赤水河又有「美酒河」之美譽。而且過往物流沒有那麼發達，酒廠依水而建的另一個好處是方便運輸。除此之外，不容易受污染、水質不會隨著季節和氣候而改變的地下水，也是很多酒廠認為適合造酒的「好水」。如瀘州老窖的龍泉井，劍南春的諸葛井，由山脈上的源頭，流向山下大大小小的河溪，匯聚成為溪水，再匯流至地下深處成為井水。過程中經過不同的沙石和泥土，沙石和泥土中的礦物質會溶於水。礦物質含量高的稱為硬水，含量低的稱為軟水。

要判斷水的質素，除了硬度外，還要視乎水的酸鹼值、潔淨度、礦物的種類配搭等。例如水中的鐵和錳含量太多的話，便會影響口感和香氣；如果鉀、磷酸及鎂不足，酵母細胞的繁殖速度會降低，甚至無法繁殖；太多氨、氰化物、氯化物也會減弱微生物的生長。正所謂「一方水土釀一方酒」，在水質的影響下，每個地區釀出來的中國白酒確實會有不同。所以「水乃酒之血」的說法，當之無愧。

每個生產環節對水都有不同程度的要求和標準，主要分為四個部分。

釀造用水

浸泡糧穀原料、製造白酒酒麴、發酵、蒸煮、清潔器具等過程中需要用到的水。由於會直接接觸原料或器皿，所以對用水的要求比自來水高，至少要達到飲用水的標準。

蒸餾用水

蒸餾用水一般需要經過過濾，以免帶有過多雜質，影響導熱。除此之外，太多雜質的水有機會令用作蒸餾的鍋爐受損，造成故障，甚至需要報銷，影響生產的流程和進度。

冷卻用水

用水需要在短時間內冷卻酒蒸氣，使酒回復液體狀態。因為不會直接接觸原料，而且通常會循環使用，所以對水質要求也不用太高。

降度用水

又叫做加漿水，顧名思義是為出廠的酒降低酒精濃度。因為水會直接影響酒的質量和風味，稍一不慎，之前付出的心血、時間都會前功盡廢。所以在這環節，酒廠會嚴格要求使用最好的水。逆滲透、離子交換等淨水技術都獲得廣泛使用。

五、影響中國白酒質量的其他元素

●發酵容器

和威士忌或白蘭地不一樣，中國白酒的風味來源並不是在橡木桶內發酵及陳釀，而是主要來自天然的發酵，微生物代謝因此非常重要。但是白酒酒麴並不是微生物的唯一來源，發酵容器同樣是一個為微生物提供天然微生態系統的地方，也會對微生物的種類和數量的多寡造成影響，對成品風味造成差異。不同的香型會採用不同的發酵容器。常見的發酵容器有四種。

泥窖

五邊（四邊牆及窖底）都採用高密度，保水性強的黏土製造，使用此發酵容器的香型包括濃香型、鳳香型、藥香型和馥郁香型。

中國白酒的行內有句說話：「千年老窖萬年糟，酒好全憑窖池老。」千年老窖的意思是窖池的可持續性。因為泥窖內含有大量微生物，可以讓中國白酒變得更香、更有風味。微生物能夠一直生存和繁殖，是因為可以酒糟和滲出來的酒液為食。牠們會隨著時間歲月變得更優質，反過來可以提升中國白酒的品質。

為了保障泥窖池的持續性，泥窖池不可停止運作，如果沒有把新的糧穀原料放進窖池時，微生物便會缺乏營養而不能生存，變成「死窖池」。窖池除了要每天運作，也要不間斷地補充酒糟。現時在國內連續使用無停斷，年份最長的窖池群屬於瀘州老窖，可以追溯到四百五十多年前的一五七三年，屬明朝萬曆年間。無論天災戰亂，這些窖池從未停止運作，是見證中國數百年來歷史發展和變遷的「活文物」。因此瀘州老窖採用這些難能可貴而又有價值的老窖池釀造出一款酒，命名為「國窖 1573」。這個概念也運用在其他使用泥窖的產品上，被稱為窖齡酒。窖齡酒不是依照

泥窖

陳放年份來區分，而是根據窖池的使用年度劃分。以三十年連續使用的窖池來釀造的，便稱為三十年窖齡酒；以六十年連續使用的窖池來釀造的，便稱為六十年窖齡酒；而以九十年連續使用的窖池來釀造的，便稱為九十年窖齡酒。如此類推。

石窖

石壁泥底，底部採用高密度、保水性強的黏土，四邊牆則是石壁。石窖通常為長方體，深約兩至三米，長和寬約三至四米，容量較大，適合多次投糧及長期發酵。使用此發酵容器的香型包括醬香型和特香型。

由於四邊是石壁，透氣性較弱，所以微生物沒有泥窖多。但保溫

石壁泥底的窖池

性較高，利於微生物進行在高溫下才能產生的化學反應。

另外，石壁和泥底在微生物數量、品種上都有很大分別，所以石窖內上、中、下段所釀製的酒，在風味上也明顯地各有不同，因此很依賴後期勾調（Blending）的調和。

陶缸

陶缸的容量不一，但形狀一般都是圓蛋形。使用此發酵容器的香型包括清香型、米香型和豉香型。

泥窖和石窖都需要黏土，但黏土很講求水分的保存，所以如北方般乾燥的地方，便很難保存水分。在這情況下，陶缸便成為最佳選擇。雖然陶缸不如泥窖般，擁有適合微生物生長的天然環境，但經高溫燒製而成的陶缸，缸身會產生微細的小孔，有助微量氧氣進入和在發酵時排出二氧化碳。這結構能促進酯類等風味物質的構成，造成酒精辛辣感的微小分子也能透過小孔散發出去，使酒體變得柔和，口感綿滑。在葡萄酒的世界，格魯吉亞（Georgia）也有不少酒莊保留傳統，採用稱為 Qvevri 的陶製器皿來釀造葡萄酒。

不鏽鋼酒罐

容量大，而且佔用空間較靈活（高度沒有技術上的限制）。易於清潔，耐用。缺點是完全密封，沒有如泥窖、石窖可以讓微生物生長的環境，也沒有如陶缸的小孔來保持空氣流通。一般使用不鏽鋼罐只是為了降低成本，多用於釀造小規模的清香型白酒。

由此可見，發酵容器確實對中國白酒帶來很多影響。不過另一具爭議性的話題也十分值得大家關注。隨著現代科技和人工智能的發展，生物學家開始研究模仿及複製老窖池的環境，嘗試植入酵母及酶等微生物。這可能是未來中國白酒的方向，但我一向相信「慢工才能出細貨，用心才能創造經典」。等待是一門藝術，如等待農作物成長；慢煮料理（Slow cook）才能保持食材的原汁原味。有些味道是不能夠釀出來，是需要「等」出來的。

●固態蒸餾

蒸餾是將酒精加熱，轉化為酒蒸氣後再冷卻，使酒蒸氣回復液態的過程。中國白酒常用的固態蒸餾法，是把經過固態發酵後的酒醅也放進甑內蒸餾。由於固態蒸餾法有酒醅的阻力，所以使酒精的沸點會略高於平常的 78.3℃。部分高沸點的物質，如脂肪酸（Fatty acid）會有小量被蒸餾掉，有助增強酒體的厚重感和香氣的複雜度。酒糟中的原料纖維和微生物殘留物能夠吸走包括硫化物（Sulfide）在內等雜質，起到自然純化的作用。硫化物的雜質被吸走，也就不會因為攝取過多硫化物而引起頭痛，這就是為何出現「飲後溫存而不宿醉」的說法。這兩點已經和西方慣常採用的液態蒸餾法[1]有很大分別。

---

1 把發酵後的酒液輸送到蒸餾器進行液態蒸餾，例如西方發明的威士忌便是液態蒸餾。威士忌也有分段取酒的工藝，術語中的 Head 就是酒頭，酒身在威士忌的術語叫 Heart，酒尾就叫 Tail。

現在就來說說甑的構造吧。

甑的外形呈圓桶狀，底部的隔層帶有細孔。酒醅被平鋪在這隔層上面，形成疏鬆的堆積層（像蒸點心的原理）。但由於酒醅始終是固態，有機會阻礙蒸氣的穿透，降低蒸餾效率，所以在蒸餾前通常會混入不影響成品風味的糠殼，除了創造更多縫隙空間，也能增加接觸面積。甑的頂部稱為「天鍋」，是在內部注入冷水的冷卻裝置。甑的下方是鍋爐，透過蒸氣或直接加熱，產生高溫蒸氣。蒸氣從底部上升，穿透酒醅層，帶走酒精和揮發性香氣成分，在天鍋冷卻後便會產生酒液。酒液會經過分段取酒，這批新鮮的酒會稱為原酒或基酒，等待陳年勾調。

第一道蒸餾出來的酒稱為酒頭，雜質較多，如甲醇（Methanol）、醛類（Aldehydes）等，酒精濃度可高達百分之七十。味道較辛辣，刺激性較高。會用作調味酒，或甚至完全不採用。

中段酒稱為酒身，酒精濃度大約百分之五十至六十。酯類和醇類等風味物質豐富，是整批酒品質最佳的部分，會用作基酒主體。

最後的叫酒尾，酒精濃度約百分之四十至五十。酸類和雜醇油等物質較多，口感苦澀。大多不會採用，有時會成為勾調用調味酒。

有些香型的酒需要經過多次蒸餾，酒廠會保留部分酒糟，並添加新的原料。有酒廠更會把部分酒頭或酒尾灑在酒糟上重新發酵，成為新的酒醅，重新蒸餾。

在取酒過程中，由於乙醇與水的表面張力不一致，不同的酒精濃度會反彈出大小不同的酒液氣泡（俗稱酒花），停留的時間也不一。有經驗的釀酒師會從酒花的大小來判斷酒精濃度，這就是「看花摘酒」。當酒花的形態如黃豆般，代表酒精濃度在百分之六十至七十二之間；當酒花形態如綠豆般，代表酒精度在百分之五十至六十之間；當酒花形態如米粒般，代表酒精度在百分之四十二至五十之間。

當然時至今日，先進儀器可以代為分辨。但有些傳統酒廠也繼續採用此充滿智慧的傳統方法。希望這門技術可以得以保留、傳承。

固態蒸餾

陳年儲存

新鮮的原酒含有多種不良物質，其中最主要的是醛。它使原酒帶有強烈的澀味和辛辣刺激的粗糙感。這時候便需要陳年儲存。因為只要在適當的儲存下，就可以隨著時間自然地分解。陳年儲存亦能提高酯的濃度，減少粗糙感，使味道更複雜和圓潤。

陳年儲存的方法十分講究，而且崇尚天然。首先是儲存容器，又稱為酒罈。現時被廣泛使用的，大多是由黏土製成的陶質容器或不鏽鋼罐。陶質容器的黏土經高溫燒製後，會產生微細小孔。孔洞容許氧氣進入，能進行緩慢的氧化作用，稱為微氧循環。經氧化和陳年的原酒，口感和香氣都有所提升，而且黏土內的礦物質與酒精接觸後，也可以改善風味。

一排排正在陳年儲存的酒罈

提到氧化，儲存環境是另一個重要元素。空氣清新，無污染的環境是必須的。除此之外，儲存環境的溫度、濕度都同樣重要。空氣中的水分會降低酒精蒸發的速度，所以中國白酒不適宜儲存在太乾燥的環境。因此，許多酒廠會在潮濕的地下建造酒窖，或在懸崖邊的天然洞穴裡陳放產品。大多數中國白酒的陳放時間至少為六個月，但陳放三至五年，甚至十年也不稀奇。

● 勾調

由於酒廠內的中國白酒都是分批發酵和蒸餾的，因此每批次的品質和風味往往存在很大差異。而且有些香型更會採用多次發酵和蒸餾，所以每一批收集回來的原酒都需要小心地分別陳年儲存。因為有這麼大的差異，陳年儲存後的勾調便扮演很重要的角色。勾調的主要目的有四項。

不同容量的大酒罈

第一，分級、分檔次：把不同檔次的原酒或基酒挑選出來，是成品定價的指標之一；第二，穩定質量：消除不同批次之間的差異，確保產品的穩定性。

第三，加水降度：加入經酒廠處理後最優質的水，以降低酒精濃度，創造出不同酒精濃度的產品，符合不同消費者的需求。

第四，優化風味：在基酒中加入調味酒，能調配出協調風味和香氣的成品，凸顯品牌性格和香型特質。

調味酒用以提升基酒的複雜度和柔和度，同時讓酒的風格特色更加明顯。但要注意的是，每次只能夠添加小量，太多的話反而會混淆風格。這個重任便要交給勾調團隊。勾調後，成品一般會儲存在不鏽鋼罐中等待裝瓶。

調味酒也分為不同類型，如陳釀五年或以上，使酒體醇厚，帶有陳香和蜜香的老酒；為基酒注入老窖池風味的雙輪底酒[1]。還有混合不同香型的調味酒，如最經典的醬香型和濃香型、提升兼香型白酒風味的香型調味酒，還有麴香調味酒、窖香調味酒等等。調味酒不等於是更高質量的酒，反而因具有特殊性格，能做到如畫龍點睛的效果。

---

1 在濃香型白酒中出現。傳統濃香型的發酵期（一般不多於九十天）結束後，不馬上取酒進行蒸餾，而是刻意保留窖池底部和微生物接觸得最多的酒醅，進行二次封窖，繼續發酵。總發酵時間可長達一百二十天或以上。通過延長發酵時間，累積更多物質，形成更濃郁、更醇厚的口感。蒸餾取酒後，再單獨陳放數年，就能成為散發老窖池風味的調味酒。

酒體設計

隨著時代變遷，需求增加，要求提升，科技進步，酒體設計是中國白酒市場的一項品質優化工程。

傳統中國白酒的思維，只是把酒釀好，然後推出市面銷售。但因為過程中有太多不確定的因素，就算是同一間酒廠，同一批次的酒也有分別。隨著需求增加，消費者更追求品質的一致性。酒廠需要面對香型、風格和味道不穩定的問題。而且酒廠開始針對市場，在口味上作出調整，所以酒體設計這門學問便應運而生。加上科技發展一日千里，酒廠對酒體加深了解。不過大家切勿誤會酒體設計就等同勾調，反而在概念上可以認為勾調是酒體設計的一部分。因為酒體設計較多由市場角度出發，由市場定位開始研究。除了味道，還會牽涉到包裝設計，價格制定等商業考慮。不過酒廠也不能夠單純因為市場需要而作出改變，要在香型風格、品牌特徵和市場之間取得平衡。

勾調

六、如何品嚐中國白酒

品嚐中國白酒和品嚐其他烈酒的方式其實差不多，只是中國白酒還有十二香型之分，要根據相應的香型作比較，例如不要以濃香型的香氣標準去跟清香型作比較，或以醬香型的餘韻長短和豉香型作比較。在此分享我的評審項目：香氣、外觀、味道、口感、餘韻。最後也要注意該中國白酒能否表現其香型特徵，有時候甚至會發生過分偏離的情況。

● 香氣

首先要聞香。因為香氣會隨著與空氣接觸而改變。除了揮發外，還會氧化，所以會分為首段香氣和次段香氣。首段香氣一般比較尖銳濃烈，隨著與空氣接觸，香氣會變得柔和平衡。除非場合只提供小杯子，否則我都會用 TTSC 的烈酒杯或 ISO 杯。如真的要用上小杯子，切記鼻子和杯口的距離要保持在三厘米以內。杯子太小，香氣會比較尖，太遠的話根本聞不到。

中國白酒的香氣分為好幾款，不同的香型有不同標準的香氣，但一般可以籠統地分為以下幾種：原料的香氣，例如高粱、大米、藥材、酒麴、米糠、草本等；發酵的香氣，如花香、果香、草青、蜂蜜、炒過的芝麻、堅果、焦香、煙燻、黑巧克力、煙草、醬油、中式甜醬、芝士、酸香、甜香、木香、鹹香、窖香的泥土和濕樹葉等等；陳年的香氣，如蜜棗、油脂、陳香等等。

●外觀

中國白酒的色澤比較簡單，不像葡萄酒，甚至手工啤酒一樣有多種顏色。主要是觀看酒液是否無色透明或微微帶黃，酒液的清澈度和掛杯的程度。

●味道

指的是中國白酒入口的味道。味道和香氣相似，同樣會有果香、花香、蜂蜜、窖香、草青、醬油等等。但特別要留意甜、酸、苦、鹹、鮮五味，還要注意中國白酒的平衡度，例如會不會過分著重某種味道，如太苦、太甜、太酸，太鹹，就會有失平衡。當然也要顧及香型本身的特性，如清香型，味道就應該要清淡一點。而且因為中國白酒的酒精濃度高，所以每次入口量適宜維持在零點五至兩毫升，酒液逗留在口腔內的時間不要超過十秒，也不用像品嚐葡萄酒一般「漱口」，自然地讓味蕾感受酒液，慢慢吞下去，讓喉嚨感受酒精感便可以。

●口感

口感乃酒液在口腔內的感覺，需判斷中國白酒的口感是柔和、辛辣、平淡簡單、和諧、粗糙、爽淨、乾身、澀口等等，亦需要判斷中國白酒的優雅程度和酒體。酒體即入口後的厚薄感覺，可以是偏薄或厚實，也可再細分為中度薄身或中度厚實。還要留意中國白酒的酒精感和暢快度，是否容易入口。

●餘韻

餘韻的長短，收結的味道同樣重要。餘韻是指咽下中國白酒後，留在口腔裏的味道；收結即餘韻尾段的味道。

第二章

中國白酒的多樣性

就算有一定「酒齡」的朋友，不論是手工啤酒愛好者、喝了很多年葡萄酒、清酒的業界人士，甚至是喝慣了西方烈酒如威士忌、氈酒、龍舌蘭的，只要一提及中國白酒，大部分人的反應是：「嘩！中國白酒酒精濃度那麼高，會喝死人的！」又或者是：「以往每次在國內喝的時候，都是乾完一杯又一杯，我都喝怕了。」「中國白酒價格很貴，自己又不懂。」當問得再深入一點時，發現十居其九都沒有認真地品嚐過中國白酒，更甚很多人以為中國白酒只得一種味道，就是茅台。那種感覺有點像當年我鑽研手工啤酒的時候，只會想：「不就是只有拉格（Lager）和世濤（Stout）兩種嗎？」因為當時不知道原來有那麼多種啤酒風格。

對中國白酒來說也難怪，因為坊間對中國白酒太多謬誤。而且形容中國白酒的常見用語，如甘潤爽淨、酒味純正、香氣帶有丁酸乙酯和高級醇等等，對大眾來說都很難理解。大部分人不明白，也沒有喝過很多次，大多都是聽別人說。聽來的知識又不知從哪裡來，結果便產生很多誤解。

自一九七九年第三屆全國評酒會，中國白酒對「香型」的概念已經成形。十二香型中，以四種基本香型（濃香型、醬香型、清香型、米香型）為基礎，另外八種香型則是由四種基本香型演變而成。每種香型使用的糧穀原料、白酒酒麴的類型、生產工藝和香氣及味道等各有不同，只是大家可以深入了解的機會不多，能夠同一時間品嚐幾款香型以作對比的機會更少之又少。加上市面上能買到的款式相當有限，而且價格並不便宜，想找「酒腳」分擔也未必那麼容易。

眾所周知的茅台雖然是醬香型白酒的鼻祖，但也只是眾多醬香型白酒其中一個品牌而已。事實上，產量最多的香型是濃香型。根據《二〇二二年中國白酒產業年度報告》指出，濃香型白酒年產量超過四百萬噸[1]，穩居各香型之首。

1 一噸約一千升。

一、濃香型

濃香型白酒（Strong Aroma）分為單糧濃香型和多糧濃香型。單糧指的是高粱，而多糧指的是多種糧穀，一般有五種，包括高粱、大米、糯米、粟米、小麥。五糧液[1]採用這五種原料釀製而成，因此命名。而白酒酒麴方面，濃香型白酒一般會採用由小麥製成的中溫或高溫大麴。

濃香型白酒一般會散發出新鮮菠蘿的香氣，接著是清新的瓜類味道。糧香和窖香濃郁，所以會有少許泥土或濕樹葉的香味。入口綿甜醇厚，有機會出現類似紅棗或龍眼等香甜味道，餘韻乾淨悠長。如果是蘇派濃香型白酒，一般香味偏輕但優雅，帶有類似蜂蜜、杏果等香氣，口感綿柔，甘甜味比較突出，餘韻乾淨純正，帶有明顯辛辣刺激感。

---

1 五糧液揚威海外，在世界各地如俄羅斯、法國、德國、美國、英國、義大利、保加利亞、日本、泰國、新加坡等榮獲多項金獎，全球認受性相當高。

左上｜明江四川白酒
右上｜國窖 1573
左下｜瀘州老窖特麴老字號
右下｜福豐達窖藏酒

濃香型白酒的特別之處，是要保持每個批次之間的連續性，並最大限度地減少浪費。生產工藝的特徵是泥窖固態發酵、續糟配料、混蒸混燒。

● 泥窖固態發酵

正所謂「窖池老，酒才好」，泥窖池要不停地運作，每分每秒也要持續使用，所以生產過程是一個又一個的循環。過程中，酒液不斷吸收白酒酒麴和泥窖中的微生物，並發展出複雜的風味。微生物亦會隨著時間變得更優質。微生物較豐富的泥窖池多數會採用原窖循環固態發酵來生產濃香型白酒，而較年輕的泥窖池則採用跑窖循環固態發酵來生產濃香型白酒。最適合採用原窖循環生產濃香型白酒的，一般都是窖齡比較高，微生物數量和種類較多的窖池群。單糧濃香型瀘州老窖是此方法的代表。

濃香型白酒的泥窖池

原窖循環

原糟入原窖，意思是只使用單一泥窖池進行生產。

發酵完成後的酒醅出窖後，要添回一定比例的新鮮原料和輔料進行蒸餾和蒸煮，取酒後掉糟[1]。剩餘的酒糟需要攤晾，待降至適合的溫度後添加新的白酒酒麴，重新放回原來的泥窖池內再次發酵。濃香型白酒的發酵需時四十五至九十天。這樣的循環，一年只能做四次。一年需進行四次投糧、四次拌麴、四次發酵、四次蒸煮、四次取酒。

常見的泥窖池足足有兩至三米深，所以當糧穀原料在窖池內發酵時，會因為溫度和濕度不均而影響微生物的活躍反應。而且當泥窖池連續使用的時間越長，微生物的種類就越多。每一種微生物的個性、效能及貢獻都有很大差異。在發酵週期中，泥窖池內有很多自然現象發生。瀘州老窖表示，在生產「國窖 1573」的窖池群內的窖泥中，能夠檢測到超過一千八百多種微生物！微生物的種類和數量會影響發酵過程。換言之，整個泥窖池內的酒糟，會因為不同種類和數量的微生物而自然分層。除了面層糟和底層糟有明顯分別之外，中間偏上或中間偏下也會有分別，一般會以四層作區分。但要謹記，這四層並不是在物理結構上被人為分開，所以有人會分為三層或五層。

面層糟位於面層，雖然上面有封窖泥[1]，但能接觸空氣的面積始終

1　掉去跟之前添加同等比例的酒糟。濃香型白酒每個生產週期一般棄掉百分之二十至二十五。

最多。溫度較低，水分較少被蒸發掉，所以微生物會以酵母菌為主，因此糖化效能較佳，但釋出的酯類化合物（中國白酒香氣的主要來源）相對較少。雖產酒量較高，但酒的質量是各層之中最遜色，香氣最弱，口感也偏辛辣。故此通常用於中低端酒。

上層糟的溫度雖然比面層糟高，但還是偏低。濕度適中，微生物的生活環境較平衡，能夠產生較多酯類。香氣協調，酒體中度薄身，口感醇和，是不錯的基酒。

中層糟的溫度和濕度都適中，適合多種微生物生長。香氣複雜，酒體中度厚實，口感柔和，常用於勾調中高端的基酒。

底層糟緊貼在窖底，能夠接觸到五面的窖泥，因此溫度最高，濕度也最高。而且在超低氧的環境下，十分適合某些不喜歡氧氣的菌種生長。這些菌種能夠產生大量濃香型白酒的主體香氣，使酒香氣濃郁複雜，口感綿甜，酒體厚實。多用於高端酒。

由於每層都有那麼細緻的分野，所以每個工序都需要分層作個別處理，因此原窖循環也發展到「六分法」工藝。

第一，分層投糧：由於每層的質量會由上至下逐漸提升，所以在投糧方面也會分層處理。下層多投糧，上層少投糧，為後期取得更多高質量的酒作準備。

第二，分層發酵：由於每層的發酵率不平均，發酵時間也會不

---

1 用於密封泥窖池表面，阻隔氧氣，以免影響酵母菌進行發酵，成分以黃泥為主。

同，上層花較短時間，下層花較長時間。分層發酵能夠讓最上層提前出窖，進行蒸餾。

第三，分層堆糟：由於每層出窖的時間都不同，所以會分層堆糟，把每層糟分別堆放。

第四，分層蒸餾：每層糟的質量都不同，所以要依次序由上至下分層蒸餾。

第五，分段取酒：在原窖循環內，只有上層糟和中層糟需要分段取酒，即分為酒頭、酒身、酒尾三段取酒。面層糟質量太差，底層糟的質量超卓，就可以不用分段取酒。

五糧液的歪嘴酒

第六，分質並罈：取出的基酒質量會有明顯分別，所以需要嚴格地把酒分質並罈，按質量裝進酒罈，進行陳年儲存。

跑窖循環

以四川宜賓市多糧濃香型的五糧液為代表，跑窖循環的原理是使用多個泥窖池進行生產。

當一個泥窖池的酒醅完成發酵後，會按照甑的大小，取出相應容量去進行分層蒸餾。蒸餾完畢後，放進另一個泥窖池再循環發酵。跑窖循環藉著在不同泥窖池間轉移糟醅，以獲取不同泥窖池的微生物。微生物的多樣性能夠提升酒體風味，不過要定期保養老窖池，以維持泥窖池內微生物的穩定性。

老五甑法

以小窖池發酵。把窖池由下至上，分為大渣、二渣、三渣和回渣，再補充一甑新糧穀，合共分五甑進行蒸餾。蘇派濃香型、綿柔濃香型的江蘇洋河酒是傳統老五甑工藝的代表。為人熟悉的藍色經典系列（海之藍、天之藍、夢之藍）便是江蘇洋河旗下的三款酒。

● 續糟配料

每完成一次發酵週期後，在酒醅中加入跟掉糟同等比例的新鮮原料和輔料，如高粱和糠殼，再進行蒸餾和蒸煮。這種新舊混合的方式可以調節酸度和增加澱粉質的含量，有助泥窖池內的固態發酵持續進行，所以是一個不斷循環的系統。

● 混蒸混燒

從泥窖池中提出酒醅，與新鮮原料和輔料混合，放進甑內同步蒸煮和蒸餾。蒸餾的過程一般先以小火蒸酒，把酒醅內的酒液轉化成蒸氣，經冷卻後收集成酒液。之後以大火蒸糧，新糧在高溫蒸氣下糊化，便於再次發酵。這樣不單止能增加濃香型白酒的複雜口感，還能同時間處理新糧和酒醅，提升效率，節省能源，減少浪費。

江蘇洋河酒藍色經典系列

二、醬香型

說到醬香型白酒（Sauce Aroma），就算是不太了解中國白酒的人，都有聽過茅台酒吧。茅台其實是一個酒廠品牌，總部位於貴州省北部赤水河畔茅台鎮，屬四大名酒之一，大麴醬香型白酒的鼻祖。要了解醬香型白酒，不能從原材料開始說起，反而要從茅台酒的背景、貴州的風土條件（Terrior）和醬香型白酒的獨特工藝開始。

一九三五年長征期間，紅軍四次渡過赤水河。坊間傳聞，他們採用當地生產的中國白酒來激勵士氣，又用來消毒傷口。據說，所用的中國白酒便是茅台酒。革命成功後，許多國家領導人因此對茅台酒開始感興趣，成功奠定了品牌基礎。

貴州茅台酒廠成立於一九五一年，由當地多間酒類生產商合併組成。在時任總理周恩來的支持下，茅台酒成為中國共產黨首選的官方國宴酒。七十年代，為保護赤水河免受污染，周恩來更進一步禁止赤水河上游的工業發展，為未來茅台酒廠提供了清潔和高質量的水源。一九九九年，貴州茅台酒股份有限公司正式成立。

左上｜二十五升裝的貴州國台酒

右上｜國台酒

左下｜四川古藺郎酒青花郎

右下｜貴州五星星 20

不過「貴州茅台」或「茅台酒」的名稱，並不是貴州茅台酒股份有限公司的專利。只要在貴州茅台鎮出產的酒，都可以稱為「貴州茅台」或「茅台酒」（和法國香檳區有點相似）。現在赤水河一帶有幾百間釀酒廠，所以又被稱為美酒河。赤水河獨特之處，在於兩岸的泥石是由紫色泥土和砂岩組成，河水充滿豐富的礦物質，非常適合釀酒。二〇二二年一月，國務院更發布《關於支持貴州在新時代西部大開發上闖新路的意見》。文件明確指出要「發揮赤水河流域醬香型白酒產地和主產區優勢，建設全國重要的白酒生產基地」和「支持赤水河流域等創新生態產品價值實現機制」，鞏固了貴州白酒產業的發展。

有了好水，也要有高品質的原材料，才能釀製好酒。醬香型白酒只採用高粱為原材料。赤水河上游是貴州紅纓子糯高粱的核心產區，高粱皮厚而糧粒小，堅實而糯性高，支鏈澱粉含量可以高達百分之九十，蒸煮時澱粉較容易糊化。而且吸水性強，能抵受住長時間多次翻造和蒸煮，非常適合釀造優質醬香型白酒。

貴州冬暖夏熱，日夜溫差小，風少雨量足，天氣潮濕，每年平均濕度大約百分之七十。獨特的風土條件為微生物群的繁殖提供了極佳環境，有助微生物穩定活動，避免因溫度劇烈波動而影響發酵過程。尤其是茅台鎮所在的赤水河一帶，夏季溫度可以高達40℃或以上，為製造高溫大麴提供天然條件。貴州茅台鎮生產的醬香型白酒一般會依隨季節性生產節奏——「端午製麴、重陽下沙[1]」，充分利用夏季的高溫製麴，在秋季天氣較涼的時候便開

1 醬香型白酒中的「沙」代表高粱。每次生產週期需要投糧兩次，第一次投糧稱為下沙，第二次投糧稱為造沙。

始進行發酵。隨著自然氣候轉變，形成一個不可複製的醬香型白酒釀造生態圈。

醬香型白酒會散發出類似黑醬油、中式甜醬等濃郁的醬香味。堅果香氣和少許刺鼻的陳醋香氣屬正常。入口剛勁圓潤，酸度適中，鹹香味可接受。餘韻一般會散發如煙草、煙燻、黑巧克力、咖啡渣或核桃等複雜而悠長的風味，要空杯留香。

●12987 工藝

12987 工藝是釀造醬香型白酒的工藝，意即生產週期一年、兩次下沙投糧、九次蒸煮、八次發酵、七次取酒。採用此工藝釀造的醬香型白酒具有「四高兩長」的特點：高溫製麴、高溫堆積、高溫發酵、高溫餾酒；生產週期長、儲存時間長。

由於要經過九次蒸煮，選用的高粱需要耐蒸，而且不會被粉碎碾磨（破碎率不高於百分之二十）。整粒高粱直接下沙的製作方法稱為「坤沙」，用這個方法釀製出來的酒，稱為坤沙酒（「坤」的意思是完整）。而發酵容器會採用石壁泥底的石窖池。

12987 工藝非常複雜又耗時。首先使用溫水把高粱清洗乾淨，讓高粱吸收充足的水分，這工序稱作「潤糧」，是第一次投糧，即下沙。蒸煮約兩小時後攤晾降溫，添加與高粱總量接近相等的白酒酒麴，就可以進入叫做堆積的工序。這工序非常關鍵，一般為期四至五天，把白酒酒麴和糧穀的混合物堆成錐形或方形，在

左上｜貴州習酒金鑽習酒

右上｜貴州釣魚台壹號珍品（琺瑯彩）

左下｜懷莊酒國際版華夏傳世

右下｜洪家班

開放的環境下進行自然糖化發酵。發酵期間，錐心的溫度可高達 50℃。完成發酵後，就可以進行第一次窖內發酵，每次發酵需時大約一個月。發酵後的酒醅在蒸餾前要進行第二次投糧，即造沙。進行第二次蒸煮後，出來的酒被稱為生沙酒。由於生沙酒的質量達不到要求，所以不會被採用，一般會放回糟醅，再添加白酒酒麴、堆積、入窖進行第二次發酵。完成第三次的蒸煮後，才會第一次取酒。取酒後準備陳年儲存（一般最少儲存三至五年）。工序會一直重複，直至完成八次發酵、九次蒸煮和七次取酒，剛好花費一年左右。

一年取酒七次，每次的質量、味道、口感都有很大差異，所以陳年後再勾調的工序，在釀製醬香型白酒的過程中就更加重要。

第一輪次取的酒稱為糙沙酒。酒精濃度最高，酒體單薄，生糧味比較突出，味道比較青澀，刺激感和酸味較重。多數用於勾調

堆積

時，增加酸度和清新感。

第二輪次取的酒稱為回沙酒。雖依然可感受到青澀味和酸味，但相對比較柔和，帶有少許甜味。這輪次也開始出現醬香，勾調時可以增加酸度和複雜度。

第三到第五輪次取的酒都稱為大回酒。質量最好，青澀味道較少，醬香味道也相對成熟。且酸甜適中，口感醇厚，香氣複雜濃郁，增加了層次感，酒體豐滿圓潤。大回酒是勾調時的核心主體酒，可以提升酒質，增加酒的甜度和飽滿感。

第六輪次取的酒稱為小回酒。醬香更突出，有明顯烘烤香和麴香，甚至出現焦糊味。整體口感醇和，回味悠長。多數在勾調時增加陳香和層次。

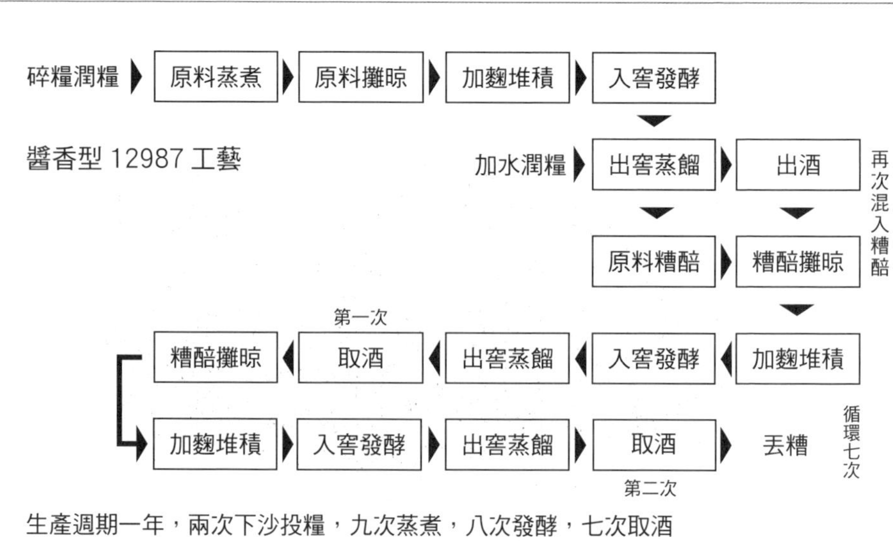

第七輪次取的酒稱為追糟酒。烘烤和焦糊味非常突出，儘管口感依然醇和，但略帶如炒堅果般的苦味，散發如草本植物的味道。在勾調時只採用小量，以增加複雜度。

其他釀造方法

為了提高產能和減低成本，除了坤沙酒以外，醬香型白酒還有以其他方法釀造的酒，包括碎沙酒和翻沙酒。

碎沙酒，顧名思義，是把高粱粉碎碾磨。但由於碾磨後的高粱經不起多次蒸煮，所以做不到 12987 工藝，一般取酒兩至三次即完成。雖然還能保留醬香型白酒的特徵，但相比之下，香氣和味道比較單一，口感相對粗糙，較乾身。一般是中端醬香型白酒採用的工藝。

不同輪次酒

翻沙酒，意思是採用釀製坤沙酒過程中要丟棄的酒糟，加上新糧穀和白酒酒麴。生產週期遠短於坤沙酒，只需要大約一個月。醬香風格不明顯，酒體層次都比較單薄，焦苦味較明顯，一般是低端醬香型白酒採用的工藝。

除了茅台以外，醬香型白酒還有許多具實力，味道出眾的品牌，例如國台、郎酒、習酒、珍酒。珍酒旗下的珍三十，更在二〇二四年第一屆在香港舉辦的品味潮人烈酒大賽（TTSC）勇奪最佳中國白酒、專家組金獎和用家組金獎的殊榮。

TTSC 二〇二四最佳中國白酒：
貴州珍酒珍三十

三、清香型

清香型白酒（Light Aroma）是中國白酒四種基礎香型之一，可以分為三大類：大麴清香型、小麴清香型和麩麴清香型。顧名思義，三種類型採用了不同的白酒酒麴，釀造工藝也不同。原料方面，清香型白酒一般都只用高粱來釀酒。

●大麴清香型

要認識大麴清香型白酒，不得不提四大名酒之一的山西汾酒。

總部位於山西汾陽市杏花村的汾酒，據說已有六千多年歷史。早在一千五百年前南北朝時期，汾酒就受到北齊武成帝推崇，成為宮廷御用酒，後期更成為唯一被載入《北齊書》的中國白酒。晚唐大詩人杜牧所著，家喻戶曉的名詩《清明》寫道：「清明時節雨紛紛，路上行人欲斷魂。借問酒家何處有，牧童遙指杏花村。」詩中提到的杏花村也成為大家心目中的酒鄉代表。

一九一五年，在美國三藩市舉辦的巴拿馬太平洋萬國博覽會（Panama-Pacific International Exposition）中，汾酒榮獲最高獎章——甲等大獎章。為紀念這歷史性時刻，山西汾酒更出產一款由陳年二十年以上基酒釀造而成的酒，取名「巴拿馬 20 年汾酒」。山西汾酒另一款產品「絲綢之路系列 42 度」，於二〇二四年在香港舉辦的品味潮人烈酒大賽（TTSC）中也榮獲清香型白酒（零售價一千港元以上）組別最佳、用家組金獎和專家組金獎。由此可見，汾酒的魅力由古至今也不遑多讓。

大麴清香型白酒以「清」為核心，講求的是「清字當頭，一清到底」，意思是在味道上，由頭到尾都要突出「清」的特點。一般香氣是清幽的花香，但會散發如洗甲水般的酒精刺激感，入口帶有一絲絲的清甜，餘韻優雅乾淨。

大麴清香型白酒堅持「清蒸清燒、地缸發酵、清蒸二次清」。「清蒸」指將釀酒原料單獨蒸煮，不與酒醅或酒糟混合。蒸煮後直接攤晾降溫，混入大麴發酵。「清燒」指蒸餾酒醅時，只蒸餾發酵後的酒醅，不會添加新原料或輔料，避免雜質干擾。所以一個生產週期只會投一次糧，跟濃香型的混蒸混燒剛好相反。

「地缸發酵」指採用地下陶缸為發酵容器。陶缸的直徑大約長零點八米，高一點二米。埋在地下的洞穴時，每個陶缸之間有一定距離，並需要保持面部與地面平坦對齊。把陶缸埋在地下的好處，是可以把溫差影響減到最低。為進一步保持發酵溫度穩定，會在面層糟鋪上一層穀殼或稻草，在地缸頂部放置一塊沉重的石蓋，把缸口封住，再用穀殼塞緊隙罅。發酵期約為三至四星期。地下陶缸並不能像泥窖或石窖般提供微生物環境，因此做到糧土分離，提供最純淨的發酵環境，從而凸顯「清」的風味。使用後的陶缸一般會用稀釋的花椒水清洗。

「清蒸二次清」指的是取兩次酒。當原料被蒸熟後，便會混入白酒酒麴，之後進行第一次固態發酵，生成酒醅。發酵完成後進行蒸餾，取得的第一批基酒稱為大楂酒，酒質純淨，口感醇厚溫柔，而且有明顯糧香。取酒後會在酒糟內添加小量新的白酒酒麴，約投糧的百分之十。清香型白酒不會再如濃香型白酒或醬香型白酒般增添新糧，亦只會投一次糧。把酒糟放進地下陶缸進行第二次發酵，完成後再次蒸餾。第二次取得的基酒稱為二楂酒，風味沒有大楂酒般純淨，口感較辛辣，苦澀味也較重。第二次蒸餾完畢的酒糟會丟棄，不再重複使用。大楂酒和二楂酒會分開陳年儲存至少一年，之後勾調成酒。

因為陶缸不會提供微生物，所以除了空氣外，微生物的主要來源便是白酒酒麴，因此白酒酒麴的品質非常重要。汾酒採用的低溫大麴尤其複雜。低溫大麴以大麥為主要原料，加入豌豆製成，一般大麥和豌豆的比例是六比四，因為大麥能提供豐富的澱粉質和蛋白質，有助微生物生長；豌豆同樣含高蛋白質，而且有不同的酯類，給予汾酒獨特的清香，同時幫助提高大麴的疏鬆度，有利微生物繁殖。

此外，汾酒不會只採用一種白酒酒麴，而是製作三種不同的大麴，以三比三比四的比例混合使用，包括清茬麴、紅心麴、後火麴。三種大麴的主要分別在於製造過程中，升溫和降溫的程度不同，從而形成三種不同類別。三種大麴可產生不同種類的微生物，發揮不同的作用。

製作清茬麴時以中低溫培養，外觀是青白色。微生物以酵母菌為主，提供豐富的糖化酶和發酵酶，主要作用是把澱粉質轉化成糖分，糖分發酵後產生酒精，給予酒體清爽純淨的感覺。

紅心麴在中高溫下培養，麴塊中心呈啡紅色。微生物群多數耐高溫，能產生更多酯類，為成品增加果香，使層次感更豐富。

後火麴在高溫下培養，麴塊的顏色更深，有時候甚至出現明顯的灰色或黑色。主要的微生物在高溫下仍然保持活躍，能夠產生充

山西汾酒絲綢之路 55 度

足的氨基酸和其他香氣物質，使酒體更加醇厚和複雜。

小麯清香型

雖然雲南和湖北都有小麯清香型的品牌，但說到高知名度和大規模，便非江小白莫屬。江小白的基地位於四川省重慶市的白沙鎮，雖則近年收購和開拓重慶市其他酒廠，但還是以坐擁六千六百八十個窖池的白沙鎮廠房為生產基地。集團聚焦年輕人市場，以舉辦或贊助青年文化節、街舞賽事、極限運動等宣傳策略，刻意繞過高端中國白酒的紅海市場而取得成功。

江小白以高粱為原料，經浸泡、蒸煮、攤晾、降溫後，會進行小麯培菌糖化。將小麯混入原料中，堆積培養大約二十四至四十八小時，過程能使酒產生清純的香甜味。接著進行配糟發酵，將新

重慶江小白三五摯友

鮮酒醅與上一輪發酵的酒糟按比例混合。大部分在四川省釀造的小麴清香型白酒酒廠都會用水泥池固態發酵大約七天，使酸度和澱粉濃度得到適當調節。發酵之後進行蒸餾，不用酒頭和酒尾，只取酒身。接著陳年儲存，最後勾調成酒。

和大麴清香型白酒相比，小麴清香型白酒簡化了原料與工藝，發酵時間較短，酒體會較清爽單一。香氣較清淡，酒精感明顯，散發出小量糧香和糟香也屬正常。以純淨，輕鬆無負擔為特色，容易入口，餘韻帶甘甜，複雜風味較少，適合年輕人。酒精濃度多控制在百分之四十至四十五，較易入口，適合加冰或混入其他飲料，製成雞尾酒。江小白的三五摯友在二〇二四年曾獲得品味潮人烈酒大賽（TTSC）清香型白酒（零售價一千港元以下）組別最佳。

●麩麴清香型

說到麩麴清香型白酒，就代表是二鍋頭出場的時候了。相信很多讀者都有聽過二鍋頭，但對二鍋頭的印象是什麼呢？是否價格低廉親民，味道粗獷，辛辣嗆喉？

二鍋頭其實是釀造麩麴清香型的釀酒工藝，起源於北京。二鍋頭的歷史悠長，據說在清朝康熙年間由趙氏仁、義、禮三兄弟（趙存仁、趙存義、趙存禮）所創。他們出身於山西的釀酒世家，是當時北京源升號酒廠的釀酒師。他們不滿足於燒酒的口味和質素，希望改良。經過三人多次努力測試，發現由於天鍋內冷卻水的溫度會迅速回暖，因此在蒸餾過程中需要更換兩次水。三鍋中，第二鍋的質素最高，所以在取酒時棄掉第一鍋和第三鍋，只取第二鍋，二鍋頭因此得名。

二鍋頭「掐頭去尾取中段」的工藝被北京，甚至中國各地的釀酒業廣泛地使用。北京最享負盛名的三個二鍋頭品牌就是紅星二鍋頭、牛欄山二鍋頭和永豐二鍋頭。三大品牌除了是麩麴清香型白酒的重要代表外，也對中國白酒產業的市場定位有著舉足輕重的意義。

紅星二鍋頭是一九四九年創辦的國營老字號，收編了以源升號為主的十二間老酒坊，成為二鍋頭工藝的正統傳承者。後來其他二鍋頭品牌都是由紅星二鍋頭的技術演變出來，因此紅星二鍋頭為二鍋頭的百花齊放作出了巨大貢獻。紅星二鍋頭多款產品曾榮獲比利時布魯塞爾國際烈酒大賽（Spirits Selection by Concours Mondial de Bruxelles）最高金獎、金獎及銀獎，是二鍋頭的「老大哥」。產品原料以高粱為主，部分添加粟米。紅星二鍋頭屬傳統的麩麴清香型白酒，固態發酵週期短，味道剛烈，很有酒感。

牛欄山二鍋頭創立於一九五二年，除了是麩麴清香型白酒，還混入了小量大麴，使成品酒多了一份香甜的滑口感。性價比高，成功打開不同的銷售渠道，如零售超市、餐飲、分銷商等，成為二鍋頭另一傑出代表。

永豐二鍋頭的人氣可能不如紅星二鍋頭和牛欄山二鍋頭，但品牌歷史和文化底蘊一點也不遜色。永豐二鍋頭前身為北京大興酒廠，根據《北京通史》記載，大興酒廠自清朝時期已經開業，至今超過八百年歷史。大約從改革開放時期，酒廠一直提供高濃度原酒給北京同仁堂製作藥酒。永豐二鍋頭只採用高粱為原料。

麩麴清香型白酒一般酒精感較明顯，散發出鹹香、樹葉、松木等比較粗糙的香氣，入口清甜，餘韻辛辣味重。

四、米香型

顧名思義，米香型白酒（Rice Aroma）以大米為原料，屬四種基礎香型之一。米香型白酒在中國南部地方更流行，很大機會由於南方的氣候比較溫暖潮濕，適合種植大米。位於廣西的桂林三花酒[1]便是米香型的代表，曾獲比利時布魯塞爾國際烈酒大賽（Spirits Selection by Concours Mondial de Bruxelles）金獎，釀酒工藝甚至成功入選廣西非物質文化遺產名錄。在口感上，米香型白酒入口綿柔乾爽，餘韻辛辣但米香濃郁，甜爽有如日本清酒，特別是大吟釀。香氣溫和，帶有宜人的花香，嗅到小量蜜糖香氣也屬正常。跟其他中國白酒相比，別樹一格。

米香型白酒的製造過程跟黃酒[1]十分相似，在蒸餾之前的做法是一模一樣。首先要用溫水浸泡大米約三十至六十分鐘，使大米吸收足夠的水分，開始分解外部結構。用清水清洗乾淨後，蒸煮大米兩至三次，使飯粒熟而不黏。當生米煮成熟飯之後，便攤晾降溫，為添加白酒酒麴作準備。

---

1 「漓水花，禾稻花，芳草花，三花香天下。」桂林三花酒在桂林著名的旅遊景點象鼻山腳下打井，取漓江水來造酒，稱為漓水花；採用桂林優質大米為原料，稱為禾稻花；選用桂林獨有的香草製作白酒酒麴，稱為芳草花。「三花」就是由此得名。

降溫後在熟飯加入由大米和米糠做成的小麴。桂林三花酒的小麴還會添加一種桂林特有的植物，叫桂林香草，增加獨特風味和不可替代性。接著把俗稱酒飯的熟飯和白酒酒麴混合物移到發酵容器內，多數是不鏽鋼罐或陶缸。酒飯中間需要挖一個洞，由富經驗的釀酒師決定洞的深度和闊度。這個步驟相當重要，因為洞口要在糖化過程中保持通氣。最後蓋好缸頂，在適合的溫度中進行糖化約二十四小時。

---

1 黃酒是沒有經過蒸餾的發酵酒。採用的原料主要是糯米，有些品種也採用黍米或米。由於釀造出來的酒色呈琥珀色或深黃色，所以被稱為黃酒。紹興黃酒中的花雕、女兒紅最享負盛名。

分段取酒的酒罐，窖面、窖底、基酒、尾酒分開入罐，井井有條。

糖化後，往酒飯裡加入約酒飯量兩倍的水，封好蓋子，把溫度保持在約 35℃，就能進行半固態發酵。半固態發酵是一種介乎固態發酵和液態發酵之間的發酵工藝，特點是會在固態原料上加水，使發酵過程中出現半固態、半液態狀況，發酵期約六至十天。

由於是半固態發酵，所以蒸餾時要使用液態蒸餾鍋進行釜式蒸餾，分段取酒。酒頭、酒身和酒尾會獨立存放在陶罐內進行陳年儲存。桂林三花酒自古以來都把原酒陳放在天然岩洞內。岩洞會選址江邊，有一定濕度，洞內溫度維持在大約 20℃，讓時間陳釀出醇酒。

窖面、窖底酒。

五、鳳香型

提到鳳香型白酒（Phoenix Aroma），大家都會聯想到西鳳酒，事實上西鳳酒和鳳香型白酒有著密不可分的關係。西鳳酒的「西」意指陝西省，而「鳳」則代表陝西省內的鳳翔區。

西鳳酒是鳳香型的代表，在第一屆全國評酒會獲選為四大名酒之一，第二屆全國評酒會也獲選為八大名酒之一，為日後認可和確定鳳香型白酒的地位建立穩固的基礎。有趣的是，在第三屆全國評酒會中，西鳳酒竟然意外地只能獲選為國家優質酒，沒有成為「新八大名酒」。據說是因為第三屆全國評酒會首次以香型分組，但當年並沒有安排鳳香型白酒這一組別，只能在清香型白酒的組別參賽。兩者風格上的偏差導致西鳳酒落選。不過西鳳酒的實力絕對不容置疑，截止二〇二五年，西鳳酒已連續四年榮獲韓國酒類評選大獎，而紅西鳳則榮獲最佳特等獎。

鳳香型白酒並不只有西鳳酒，還有其他品牌，如太白酒、柳林酒等等。雖然名氣沒那麼大，但也是默默地用心耕耘的好酒。

鳳香型白酒一般散發出如青蘋果、櫻桃等果香，松木、人蔘或花旗蔘香氣也很常出現。陳年時間越長，更會帶出如蜜餞、杏脯或菠蘿乾的香氣。味道豐富、複雜但平衡度高，餘韻悠長、清甜及微辛，難怪有「酸、甜、苦、辣、香五味俱全而各不出頭」的美譽。

●清而不淡，濃而不艷

鳳香型白酒是由濃香型白酒和清香型白酒演變而成。一年一造，採用單一糧穀高粱為原料，添加中高溫大麴進行泥窖固態發酵，一般採用老五甑法，混蒸混燒。但與濃香型白酒不同，鳳香型白酒每年都會更新一次泥窖池，移除窖壁和窖底的舊窖泥，換上新土。每年更換新土可限制部分菌源過度繁殖，窖香味也不會過分

西鳳酒華山論劍 30 年

突出。鳳香型也會如大麴清香型一樣，採用由不同溫度製成的白酒酒麴，才能維持鳳香型白酒「清而不淡，濃而不豔」的風味。

鳳香型白酒生產流程主要分為立窖、破窖、頂窖、圓窖、插窖、挑窖六個步驟。這六個步驟其實代表六個輪次的生產。

第一步是立窖。由於是添加新糧、新輔料和新的白酒酒麴，所以只蒸煮，不會出酒。

第二步是破窖，也是第一次取酒。由於是混蒸混燒，所以每輪次也要添加新糧、新輔料和新的白酒酒麴。此輪次酒的酯類香氣物質含量低，酸度低，是鳳香型白酒勾調時重要的調味酒。

第三和第四步分別是頂窖和圓窖，也是第二次和第三次取酒。

第五步是插窖，是第四次取酒。由於是生產週期的尾聲，所以這輪次不會再投入新糧，只添加新輔料和新的白酒酒麴，進行最後一次發酵。

最後一步是挑窖，亦是最後一次取酒。這步驟只會蒸餾，所以不再投入新糧和新的白酒酒麴，只添加輔料。

整個流程經過六次蒸煮、五次發酵和五次取酒，為期大約一年。

●酒海儲存

鳳香型白酒另一獨特的工藝是酒海儲存。當原酒被收集之後，會放在容器內陳年儲存，使酒變得香醇才勾調。陶罈是其他香型慣常使用的儲存容器，但鳳香型白酒則會採用一個直徑大約二至二點五米，高約三米，呈巨型圓柱體的容器。此容器由藤條製作而成，可以說成是一個巨大的藤籃。由於容量龐大，能盛彷彿海一般多的酒，所以這個容器又稱為酒海。酒海的製作可以追溯到唐代時期，每個酒海會固定在一個井字形的四方體木架之中，內壁會敷上多層的麻紙、麻布，一般會採用豆腐、蛋白、蜂蠟、植物油等天然物質進行塗抹和黏貼，傳統做法還會用上豬血！雖有點嚇人，但其實一點也不出奇。在葡萄酒的世界甚至會用牛血來澄清葡萄酒，直到一九九七年才被歐盟和美國禁止，現在多數使用蛋白當作澄清劑。這些天然物質除了可以防滲漏外，也可以保留透氣性，能有效地讓鳳香型白酒在儲存過程中進行微氧循環，讓酒隨著歲月自然變化，給予鳳香型白酒獨特的風味。所以大家都說這是「會呼吸的酒海」。每個酒海都是全手工製作，所以要完成一個酒海大約需時半年。

六、兼香型

由於時代不斷改變，釀酒技術的進步、口味的改變、氣候環境的變化，都令中國白酒在香型的發展上有更多空間去思考和討論。兼香型白酒（Mixed Aroma）是眾多香型中最靈活，最有可能性的一種。

一九七九年第三屆全國評酒會首次採用香型來分類，當時一眾專家開始提出並討論兼香型的概念。他們把那些跟四大香型（醬香型、濃香型、清香型和米香型）的特徵有點相似，但又不能說完全一致，並難以歸納到任何一個組別的酒命名為兼香型。當時的兼香型白酒簡單地分成兩類：一，只有濃香型和醬香型兩種特徵；二，由多於兩種香型的特徵組合而成。今時今日，兼香型白酒的種類已經越來越多，而且更加複雜。工藝上，在既定的框架內也展示出靈活變化。

兼香型白酒在香氣和味道上都兼顧了濃香型白酒和醬香型白酒的風味，濃醬協調，濃香型的菠蘿香氣或醬香型的醬油香氣同時或先後出現也很常見。平衡度高，餘韻複雜，乾身、清爽而香甜。

工藝兼香

工藝兼香的意思是指在工藝下功夫，刻意採用各種釀造工藝，如不同原料、使用的白酒酒麴、發酵容器、勾調等所生產出來，包含多種香型特徵的兼香型白酒。而兼香型白酒一般會分成兩大類：一步兼香和二步兼香。

二步兼香是先單獨分開釀造醬香型白酒和濃香型白酒，然後把兩種酒按比例勾調。原理和由紅葡萄酒和白葡萄酒混合而成的粉紅葡萄酒（Rose wine）相似。二步兼香的最大優勢是靈活多變，可以根據市場需要迅速作出反應，自由調整醬香型白酒和濃香型白酒的比例。由於釀製這種酒比較快和容易，所以除了黑龍江的玉泉酒以外，也有新郎酒兼香、黃鶴樓兼香等品牌出現。雖說釀造相對容易，但要讓這兩種如此特色鮮明的香型相互融合平衡，

口子窖

箇中也有不少挑戰。

一步兼香相對比較複雜，不只是單純把兩種香型白酒勾調混合，而是刻意在生產過程中預先設計如何兼容醬香型白酒和濃香型白酒的工藝或原料，使成品酒有兩種香型的風味。

一步兼香的白酒一般會採用醬香型白酒多輪次發酵工藝和高溫大麴發酵，也會採用濃香型白酒的混蒸混燒和分層堆糟等工藝。一步兼香的窖池結構也可以兼容，可以部分是醬香型白酒的石窖，部分是濃香型白酒的泥窖。釀造出來的酒只要達至濃醬兼備，生產工藝可以相當靈活。一步兼香的平衡度更自然和諧，味道更細緻優雅。湖北白雲邊便是一步兼香的代表。

自然兼香是一步兼香的一種，分別在於自然兼香不是刻意設計，

中國白酒的生產車間

而是古法加現代創新。安徽口子窖是自然兼香的代表，來自距今二千七百年歷史的濉溪釀酒。濉溪是安徽省淮北市的一個縣，古濉溪是汴河入睢水之口，俗稱口子。據說濉溪人早在殷商時期已經以釀酒為生，釀出來的酒又稱為口子酒。口子窖「濃頭醬尾中間清」，集多種香型於一身。但這些特點並不是刻意設計，而是因應當地的氣候環境，使用傳統的釀造工藝及原料。口子窖在兼香型白酒品牌中榮獲首個「國家地理標誌保護產品」（PGI），擁有很多「大招」，形成一套「三多、一高、兩長」的獨門秘方。

「三多」指的是多糧釀造、多糧製麴、多麴並用。口子窖的主要原料是高粱，輔以大米和糯米。以小麥、大麥、豌豆製成中溫麴（菊花紅心麴[1]）和高溫大麴作糖化發酵劑。除採用中溫麴和高溫大麴，口子窖還加入超高溫香麴作為增香劑。超高溫香麴以小麥為原料，溫度高於 65℃，香氣成分超過七十種。在蒸餾時把這些香氣帶入酒中，能使口子窖的醬香風味進一步提升。多數在盛夏的時候製麴。

「一高」指的是高溫潤糧堆積，這方法是在傳統高溫潤料法的基礎上加以改良創作而成。用 60℃至 80℃的熱水浸泡潤糧，拌勻後繼續在高溫的狀態下堆積，把原料堆積成立體梯形，然後放置十八小時。除了可以去除多餘雜味，把更多糧香散發出來之外，更可充分吸納空氣中的微生物，為之後的糖化發酵做準備。

1　口子窖獨家傳承的千年古法製麴工藝。麴塊的中心呈現紅心，紅心的外圍又有兩塊如菊花的啡色圈紋，故稱為菊花紅心麴。

「兩長」指的是長期發酵和長期儲存。口子窖保留傳統發酵的程序，但把發酵週期延長至六十至一百五十天不等。當糟醅經過長時間的發酵之後，微生物的代謝會更加充分，酒就更有風味。口子窖獨創三步循環儲存法：第一步，儲存於戶外巨型不鏽鋼酒罐中，自然熟成一年；第二步，把酒裝入陶罈，轉入地下酒庫繼續窖藏；第三步，再轉到地面的不鏽鋼酒罐，繼續陳年儲存一年。

兼香型白酒的可能性相當高。到底日後還會不會有更多兼香型白酒的種類出現呢？在酒的世界中，什麼都有可能，大家就拭目以待吧。

戶外巨型不鏽鋼酒罐

七、芝麻香型

芝麻香型白酒（Sesame Aroma）的確會散發出獨特的芝麻香氣，但香氣來源並不是來自黑芝麻或白芝麻。芝麻香型白酒是沒有添加芝麻的！沒有在釀製過程中添加芝麻，但有芝麻香氣那麼神奇？這些芝麻香氣是如何產生的呢？回答這個問題之前，要由此香型經歷了五十年艱苦的研究與探索開始說起。

芝麻香型白酒的發源地是山東省，由醬香型白酒演變出來。據說在一九五七年，山東省著名釀酒專家于樹民無意中在山東景芝酒廠中，發現某些中國白酒帶有芝麻的香氣和味道。當時資源有限，未能馬上進行深入研究，但這件事一直放在于樹民心裡。他和團隊多年努力鑽研，拜訪求證，最終於一九九六年，經中國輕工業俱樂部公布實施由景芝酒業主要制定的行業標準《芝麻香型白酒》。二〇〇七年，由景芝酒業和中國食品發酵工業研究院共同起草的國家標準《芝麻香型白酒》，經國家質量監督檢驗檢疫總局和國家標準化管理委員會正式通過實施，足足花費五十年之久！花了半個世紀孕育出來的成果，這份堅持值得欣賞。

所謂的芝麻香，其實是由多種物質的香氣混合而產生出來的風味。這些不同的香氣包括類似爆谷、堅果、煙燻，甚至輕微焦糖的香氣。當這些香氣混合在一起後，便會出現炒過的芝麻焦香味。而香氣的產生原因，主流認為是來自美拉德反應（Maillard reaction）。美拉德反應是指氨基酸和還原糖在加熱時產生的自然化學反應，會影響食物的顏色、味道和香氣。

芝麻香型白酒必須要有類似炒過的黑芝麻香氣，散發出明顯的醬香如中式甜醬或焦香也屬正常。入口綿柔，中段清雅，但味道複雜豐滿，散發出如紅棗或杞子的清甜。餘韻乾身，帶有一絲絲的焦香和礦物鹹香風味。

芝麻香型白酒的原料主要是高粱，有時候會加入小量大米或大麥；白酒酒麴為中高溫大麴和麩麴，所以不但含有高粱和大米的糖分，還含有白酒酒麴內的小麥蛋白和麩皮蛋白等蛋白質。當進行高溫堆積和高溫發酵時，會自然產生美拉德反應，所以會產生類似炒芝麻的香氣。麩麴是芝麻香的來源，中高溫大麴能提高風味的豐富度，加上麩麴包含人工接種霉菌和其他微生物，所以可以針對性地植入能夠突出芝麻香的菌類，使效果更佳。但剛取出來的原酒需要經過兩年或以上的陳年儲存，才能獲得迷人獨特的炒芝麻香。所以經常會聽到釀造芝麻香型白酒需要「三高一長」，即高蛋白質配料、含氮量高、堆積溫度高、發酵的溫度高和儲存時間長。

芝麻香型白酒採用泥底磚窖的窖池作為發酵容器。這種窖池雖然沒有像濃香型白酒的五邊都是黏土，但也提供獨特的微生態環境。由於只是底部用泥，四邊用磚，因此窖香不會太強，亦不會影響芝麻香的風味。高溫大麴又能產生如醬香型白酒的焦香味，麩麴又提供了麩麴清香型的清雅，所以說芝麻香型白酒能集「濃、醬、清」三種香型於一身也不為過。

分段取酒後，芝麻香型的原酒一般會儲存在陶罈陳年，接著進行勾調。因為要考慮到窖香、焦香、果香、陳香，還有最重要的芝麻香，所以芝麻香型白酒的勾調會較其他香型複雜。而且要額外留意其他香味不會掩蓋細緻的芝麻香，比例上要十分小心。

山東一品景芝中國芝香 20

八、馥郁香型

馥郁香型白酒（Extra-Strong Aroma）起源於湖南湘西地區，集當地釀酒傳統及現代創新於一身。在清代出土文獻中，已有民間釀製燒酒的記錄，這些技術和經驗為日後馥郁香型白酒建立了良好的根基。

說到馥郁香型白酒，就不得不提酒鬼酒！酒鬼酒的前身是吉首酒廠，成立於一九五六年。一九七八年研發出湘泉酒，曾經轟動一時。十年後，在湘泉酒的基礎上成功研發出酒鬼酒，成為馥郁香型白酒的代表。名字相當獨特有趣，但原來「酒鬼」在這裡的意思並不是指「追酒飲」或醉後「發酒癲」的「酒鬼」，亦不是指「酒鬼」都喝的酒或只有真正「酒鬼」才會喝的酒。這個「鬼」可以解讀為鬼才，代表才智過人，但又別樹一格，跳出框架，在工藝上也有鬼斧神工之意。這正正就是馥郁香型白酒的理念，亦是酒鬼酒想表達的意思：在傳承湘西民間釀酒工藝的基礎之上，創造出能平衡「濃、清、醬」三種香型的獨特工藝。正所謂「兩香為兼，三香為馥」，難怪酒鬼酒的釀造工藝能榮獲湘西非物質文化遺產，而且勇奪二〇二四年品味潮人烈酒大賽（TTSC）最佳馥郁香型白酒、專家組金獎和用家組銀獎的殊榮。

馥郁香型白酒一般具有藍紋芝士、臭豆腐等發酵製品的香氣，如果出現堅果、糧香、各式香草或杜松子的香氣也屬正常，小量熱帶水果香氣也可以接受。一口三香，具有「前濃、中清、後醬」的獨特口感，入口柔和細膩，綿甜而微辣，中段乾淨清爽，餘韻散發出如醬油、鹹香和焦香的悠長味道。

馥郁香型白酒以多糧濃香型白酒慣用的五糧為配方，高粱為主，加入大米、糯米、小麥和粟米。除粟米以外，其他原料都不會磨碎，會原粒使用。馥郁香型白酒會大小麴並用，在蒸好的五糧中加入小麴，像清香型白酒小麴糖化工藝一般開始小麴培菌糖化。

酒鬼酒黃罈

小麴糖化能力強，而且空氣中有不同的微生物，能在糖化的過程中增加微生物群的種類，並和牠們作出生物反應，相當於二次製麴。糖化後的原料再加入中偏高溫大麴製醅，最高溫度可達至 62℃，類似醬香型白酒採用的高溫大麴入窖發酵。採用的發酵容器也是如醬香型白酒的石壁泥底窖池，在發酵過程中增添風味。

另一邊廂採用清香型白酒工藝的清蒸清燒，即蒸糧和蒸餾分開進行。但由於窖池內的微生物分布不一，因此依然會保持分層上甑，掐頭去尾取中酒。接著，把原酒分批放進陶罈，儲存在湘西天然洞穴內。天然洞穴恆溫恆濕，洞內溫度一般不會超過 20℃，濕度不會低於百分之八十。陳放至少三年，原酒能在此優良環境下緩慢熟成。不同批次和質量的酒經過精心勾調後，便能出品。

九、豉香型

豉香型白酒（Chi Aroma）起源於廣東省，由米香型白酒演變而成，以大米為原料。這個名字會讓人聯想起豉油、豉汁或豆豉，但其實豉香型白酒香氣清澈，沒有豆豉或豉油的濃味或嗆鼻的香氣，反倒帶有一絲絲的清幽鹹香和圓潤的油脂香。

豉香型白酒帶有明顯如西班牙黑毛豬火腿的油脂香氣，小量米香也很正常，有時候也會散發出如桂花的清甜香。酒精濃度低，容易入口，漂亮的酸度，餘韻悠長，帶有類似黑巧克力的微苦。

●肥肉釀浸，缸埕陳藏

豉香型白酒主要代表為玉冰燒。清朝時期，據說當時在廣東省一帶的燒酒坊所釀出來的酒，效果一直都不太理想，初蒸出來的酒色澤不夠清澈，味道也帶澀，入口不夠柔滑和清醇。大家都努力改良，但始終想不出良方。後來，佛山石灣鎮一間頗具規模的酒廠叫陳太吉酒莊，他們的第三代傳人，即現時石灣酒廠的創辦人陳如岳，當年毅然放棄了官場的工作，接管了家族的釀酒廠，專心鑽研釀酒的技術和改善酒質的方法。他從廣東人喜歡把蛇、蛤蚧等奇珍異獸拿來泡酒的習慣中得出靈感，加上眼見很多鄉親父老喜歡一邊喝酒一邊吃肥豬肉，結果他就首創了「肥肉釀浸，缸埕陳藏」的釀造工藝。

原理是這樣的：把肥豬肉清洗乾淨後用沸水煮熟，之後浸泡在已經蒸餾好的酒內至少三個月。肥豬肉的脂肪會慢慢溶解，和酒精發生反應，同時肥豬肉也能吸附雜質。這反應使酒的口感更柔滑之外，也使酒更加香醇。接著把酒倒進另一個大缸中，繼續陳放二十天或以上，讓酒自然沉澱，而肥豬肉則保留在埕中，等待下一批新酒。陳年後的酒，味道會變得甘甜，酒體飽滿，酒色清澈。除去表面油脂，經過濾及勾調，便可以包裝出品。

豉香型白酒用於發酵的酒埕

由於浸泡在酒中的肥豬肉，驟眼看好像冰塊一般晶瑩通透，而且釀出來的酒也清澈如冰，所以陳如岳起初把這種酒取名為「肉冰燒」。後來覺得有個「肉」字不好看，而廣東話的「肉」與「玉」同音。在一八九五年，即光緒二十一年，酒廠正式將「肉」改為「玉」，玉冰燒[1]一名至此長流百世。

豉香型白酒採用麴餅為糖化發酵劑，以液態發酵，釜式蒸餾。蒸餾後的酒精度大約百分之三十，是中國白酒中酒精濃度最低的香型。

---

1 香港八十年代曾經有一首玉冰燒的廣告歌：「斬料，斬料，斬大嚿叉燒，油雞滷味樣樣都要，斬大嚿叉燒。嘩！有玉冰燒，玉冰燒，坐低飲杯玉冰燒，飲杯玉冰燒，勝嘅！」這首廣告歌的歌詞由已故鬼才黃霑所創作，可以算是香港人的集體回憶。

陳太吉酒莊的酒罈仿製品

十、老白乾香型

首先，老白乾並不是某君的姓名，也不是任何一個地方的名稱。要解讀這名稱，就要把這三個字拆開。「老」，代表歷史悠久；「白」，表示酒質純淨；「乾」，代表入口乾身。而老白乾香型白酒（Laobaigan Aroma）的代表，一定是衡水老白乾酒。

衡水老白乾位於河北衡水市。根據文獻記載，早於漢唐時期便已經出現衡水老白乾，到宋明兩朝正式定名。一九四六年，當地政府決意改革衡水市內的釀酒業，把十八家中小型老酒坊合併，成立冀南行署地方國營衡水製酒廠，也是中國第一間國營酒廠。經過長時間的洗禮，文化底蘊深厚，這個「老」字確實當之無愧。而且衡水老白乾酒早已在海外獲得認可，一九一五年榮獲巴拿馬萬國博覽會（Panama-Pacific International Exposition）最高獎章——甲等大獎章；而二〇一八年又榮獲拉斯維加斯世界烈酒大賽（Las Vegas Global Spirits Awards）最高獎——雙金獎，並被評為全場最佳。

至於「白」表達的酒質純淨，很大原因是老白乾香型由清香型白酒演變，所以帶著「清」的基因，但在風味上和清香型白酒又稍有不同。老白乾香型採用單糧高粱為原料，加入純小麥製的中溫大麴。使用的發酵容器和清香型白酒一樣，都是採用埋在地下的陶缸，有利克服河北省日夜溫差大等不利條件，保障發酵的穩定性。

老白乾香型雖然好像跟清香型白酒的釀造工藝沒太大分別，但最大分別是蒸煮和蒸餾的部分。老白乾香型並非採用清香型白酒清蒸清燒的工藝，而是採用如濃香型白酒的混蒸混燒，把酒醅與新糧混合一起蒸煮和蒸餾，還採用了老五甑法，使酒糟重複發酵，延長發酵週期，提升酒的複雜度，突出原料糧香的風味。所以成品酒除了散發出如清香型白酒的優雅花香，味道清純潔淨之餘，風味會更加醇厚，口感會更加乾身。這就是老白乾香型白酒的「乾」，回味更加悠長。

河北衡水老白乾 3 # 工坊

老白乾香型白酒一般散發出如金銀花、槐花等草本乾花般清雅清新的香氣，有時候會夾雜一絲絲的糧香。入口回甜，口感醇厚，餘韻乾身悠長。衡水老白乾有些系列的酒精濃度高達百分之六十七，建議可以如喝原桶強度（Cask strength）威士忌般，加幾滴水後品嚐。

十一、特香型

特香型白酒（Special Aroma）的起源，其實全是因為一款叫四特酒的中國白酒。據說在清朝光緒年間，有位叫婁德清的年輕人，在江西省樟樹鎮滿洲街的萬成酒店當學徒。他不單聰明好學、刻苦勤奮，而且對釀酒充滿熱情，很快便把當時一門叫「四特土燒」的古法釀酒技術練得滾瓜爛熟。後來他更自立門戶，成立婁源隆釀酒工坊。聰明的他改良古法，提升了酒的質量，深受歡迎，大眾都爭相購買。婁源隆一瞬間在樟樹鎮打響了名堂，但隨之而來的是市面開始出現冒牌貨。由於那個年代還沒有雷射標籤，防偽特徵等等，防偽概念相當薄弱。婁德清因此想到在盛酒的酒缸和酒罈的表面各貼一個「特」字，合共四個，作為正貨商標，也代表特優的意思。「四特」品牌也由此誕生。日後，特香型白酒也以四特酒而命名，所以四特酒也是特香型白酒的代表。

中高端的中國白酒在包裝上都設有很多不同的防偽技術，尤其是在酒盒上。每支酒都有自己的「機關」，有時候需要一點武力才能打開，最終盒子都會變得破爛。其實除了證明這支酒未曾開封外，酒廠還希望酒盒不能夠重用，以免不法分子拿來做假。

●三型具備猶不靠

特香型白酒的獨特之處是集醬、濃、清三大香型於一身，但又能相互平衡協調、和諧不爭、舒適典雅。能做到這種境界，確實有它的「特」點。

江西省作為中國的魚米之鄉，特香型白酒便就地取材，採用大米為原料。工藝上沒有像米香型白酒一樣，採用半固態發酵的方法，而是把整粒大米進行固態發酵，並採用濃香型白酒的混蒸混燒工藝，把酒醅和新糧混合蒸煮和蒸餾。因此才能集醬、濃、清三大香型於一身。

製麴材料的配方也十分特別，以麵粉、麥麩、酒糟為原料，製成中高溫大麴。因為材料沒有採用傳統的小麥，所以微生物的種類與別不同。加上把酒糟添加在白酒酒麴之內的獨特做法，使殘留在酒糟內的微生物可以循環再用，並疏鬆大麴，有助微生物在麴內生長繁殖。而中高溫大麴也能賦予醬香的風味。這種製麴方法是特香型白酒獨有的。

發酵用的石窖也非常獨特。窖池四面採用江西龍虎山特產的紅褚條石，窖底和窖面則採用泥土。紅褚條石的作用類似清香型白酒的地下陶缸，窖底和窖面則像濃香型白酒的泥窖池。配合老五甑法，混蒸混燒的酒糟處理工藝，最後分段取酒，陳年儲存和勾調。非常獨特的特香型白酒就由此釀造出來。

特香型白酒一般會帶有熱帶水果的香氣，糧香和花香也很明顯，有時候還散發出如新製成的塑膠產品一般的香氣。入口帶有如糖水的味道，但擁有明顯酒精感也屬正常。口味較柔和，有黏稠感，如有小量焦香出現也屬正常。

十二、藥香型

藥香型白酒（Medicine Aroma）能夠散發出與別不同的藥材香氣，的確是因為添加了藥材成分。不過藥香型白酒和一般藥酒不同，一般藥酒是浸泡酒，意思是把藥材放進成品酒內浸泡一段時間，使藥材的味道滲透到酒液之內；但藥香型白酒在發酵和蒸餾前，就已經把藥材添加到原料之內。兩者分別很大，後者對技術的要求也更高。

藥香型白酒的代表是貴州董酒，總部位於貴州省遵義市匯川區董公寺鎮。生產藥香型白酒的品牌不多，但此品牌實在太出類拔萃，在第二屆至第五屆全國評酒會中四度蟬聯「國家名酒」，所以藥香型白酒另一個稱號叫董香型白酒。

藥香型白酒以高粱為主要原料，一般會整粒使用，不會磨碎。除了耐蒸煮之外，也希望減少輔料稻殼的使用量，減輕由稻殼引出雜味的機會。用麴方面，藥香型白酒會大麴和小麴並用：大麴的作用主要是產生香氣，即製造香酯；小麴主要是糖化和發酵，即製造酒醅。但最特別，又最難複製的地方是製麴的過程。製麴過程中，會加入一百三十多種中草藥材，其中大約四十多種會加入至大麴內，九十多種會加入至小麴。為什麼只說大約？因為董酒的配方已經被國家級權威部門永久列入國家機密，是不可以對外公開的！除此之外，雖則藥香型白酒都是採用泥窖為發酵容器，但是採用的物料跟濃香型白酒有所不同。藥香型白酒的泥窖池採用了當地一種黏性很強，密度很高的白泥。為了有助香氣的發展，會刻意加上石灰和楊桃藤，以增加泥窖池的鹼性，並用煤來封窖。

藥香型白酒採用傳統固態發酵，大小麴並用，發酵週期長達十個月！因為藥麴需要長時間分解，才能完全融入酒醅和香醅內，形成董酒獨一無二的酒香風格。即使是不同酒類，都會表現出「等待的藝術」，現代人追求快的心態是不適用於酒的世界。

發酵完成後，就會進行串香蒸餾。串香蒸餾是董酒首創的工藝，意思是當蒸餾的時候，把已發酵的酒醅和含有香氣的香醅分層放置入甑。蒸氣會分別穿過它們後被蒸餾，使香氣物質能有效地轉移到蒸餾出來的酒中。取酒後分批陳年儲存至少一年，勾調後便可以裝瓶出售。

藥香型白酒一般具有濃味芝士和優雅的中藥材香氣，還有一絲絲熟果芳香。如果出現如鹹鴨蛋黃等礦物味，也屬正常。入口豐滿，漂亮的酸度加上一份柔甜，餘韻乾淨悠長。

第三章

中國白酒的國際性

一、發展史

一九四九年後，中國白酒進入前所未有的高速發展，當中經歷大大小小的高低起跌，為中國白酒的發展提供很大的啟發和借鑑。

建國初期，政府開始實施一系列針對中國白酒的政策，目的是把中國白酒這別具中國文化的產業國有化：收購、合併中小型私營釀酒坊，同時記錄生產技術，並加以完善，融入當時的現代化工業效能。許多現時著名的品牌都在這場大規模的工業化浪潮中崛起，其中包括貴州茅台酒、瀘州老窖、五糧液、山西汾酒、洋河、紅星等等。在中國政府的支持下，中國白酒因為能快速地提高品質和保持品質的一致性，在國家層面上的江湖地位也開始建立起來。正所謂「無酒不成席」，當時開始形成在國宴上享用中國白酒的習慣，直至現在。

為了進一步規範品質，一九五二年在北京舉辦了第一屆全國評酒會。其中貴州茅台酒、四川瀘州老窖大麴酒、山西汾酒、陝西西鳳酒成為首批中國名白酒，被稱為「四大名酒」。一九六三年第二屆全國評酒會同樣在北京舉行，選出的名酒除了原本的四大名酒之外（四川瀘州大麴酒改以瀘州老窖特麴酒獲選），還多了五糧液、古井貢酒、貴州董酒和全興大麴酒，被稱為「老八大名酒」。除了國家名酒外，當年還首次選出國家優質酒，共有九個品牌獲選。到一九七九年，第三屆全國評酒會選址大連，首次按照香型來分組，產生了「新八大名酒」，少了陝西西鳳酒和全興大麴酒，取而代之的是劍南春及洋河大麴酒，還選出了十八種國家優質酒。一九八四年和一九八九年分別舉辦了第四和第五屆的全國評酒會，選出的名酒和優質酒數量更多，分別是十三種國家名酒和二十七種國家優質酒；十七種國家名酒和五十三種國家優質酒。第五屆已是最後一屆，至今再也沒有舉辦過了。

獲選數量如此多，也要歸功於時任主席鄧小平於七十年代末開始實施改革開放。不少私人企業重新進入市場，新酒廠的落成，品牌和款式激增，刺激中國白酒產業進一步擴張。二十世紀九十年代初，中國白酒生產數量達到頂峰，從一九九二年約五百四十七萬噸增加到一九九七年的七百八十一萬噸。

一九九七年爆發的亞洲金融風暴和一九九八年爆發的山西朔州假酒案，使當時中國政府推出一系列的政策措施。首先在一九九八年二月推出《關於嚴厲打擊製售假冒偽劣酒類產品違法行為的通知》，嚴厲打擊假酒；二〇〇〇年一月開始發放白酒生產許可證；二〇〇一年五月發布《關於調整酒類產品消費稅政策的通知》。中國白酒在從價稅的基礎上，要多繳一項從量稅。這從價錢和數量來計算的複合式徵收消費稅政策，對生產商構成很大的壓力，尤其是出產中低端產品的生產商。在之前的外憂，到後期的內患，中國白酒行業面對史無前例的經濟衝擊，甚至乎是生死存亡的挑戰。在汰弱留強的經營環境下，很多中小型的酒廠相繼離場。靈活多變又具基礎實力的品牌開始生產價格昂貴的高端白酒，進一步建立品牌價值。銷售渠道也開始成熟，政商界的大量採購，成為宴席送禮的必需品。茅台酒、五糧液等高端中國白酒的價格屢創新高，這時候，海外市場也漸漸嶄露頭角。

到二〇一〇年，中國政府公布將酒駕入刑。二〇一二年底，習近平就任國家主席後不久就宣布國家將取消對白酒產業的支持，嚴控三公消費。由於許多主要生產商長期依賴政府官方活動的大量訂單，政策轉變導致本地市場的萎縮。本土競爭激烈的情況下，推動了海外市場的發展。最初只是針對推廣華僑，後來擴闊

安排參觀貴州國台

至當地消費者，多個品牌踏上成為國際品牌的起跑線。穩住陣腳後，二〇一五年產業開始回勇。中國白酒的形象由政商消費品，轉為親民「入屋」的產品。人民消費力上升，使中國白酒變得普及，並開始出現在民間餐桌上。二〇一六年，中國白酒的產能更達到約一千三百五十八萬噸，是歷史上最高峰。

同時，海外企業對中國白酒的投資也不斷增加。全球葡萄酒和烈酒行業的幾家領導者，如帝亞吉歐（Diageo）、保樂力加（Pernod Ricard）、路威酩軒集團（Louis Vuitton Moët Hennessey，LVMH）相繼進軍中國市場，開展中國白酒業務，並取得不同成績。另一方面，世界各地的小企業也開始生產中國白酒。

二〇二〇年，新冠疫情爆發，全球經濟下滑，地緣政治加劇，

多糧濃香型白酒：
四川綿竹劍南春

影響中國本土經濟。採購量下挫，價格調整都屬正常市場反應。這樣的大環境下，更進一步推動中國白酒「出海」的念頭。二〇二三年，中國白酒產業出現「七子申遺」的舉措：瀘州老窖、貴州茅台、宜賓五糧液、古井貢、山西汾酒、江蘇洋河、珍酒李渡七間名酒企業，聯合申請登錄非物質文化遺產。能否成功當然言之尚早，不過無疑表現出中國白酒產業「出海」的決心。而香港獨特的歷史背景和國際大都市的地位，順理成章地成為中國白酒「出海」的跳板。二〇二四年十月，香港特區政府宣布調低酒精濃度高於百分之三十的酒類（烈酒）的稅率，並會以雙層稅制實行。相信降低烈酒稅能促進高端烈酒的貿易，有利中國白酒市場發展。

二〇二五年特朗普重新上任成為美國總統，貿易戰對環球經濟帶來不確定因素。中國白酒作為稅收大戶，一方面對經濟作出貢獻，另一方面屬文化軟實力的輸出。中國白酒的前景和發展潛力都很有希望。

二、走進國際市場

根據全球多個研究網站的統計報告，二〇二四年中國白酒是全球消耗總額最高的烈酒類別，約一千零四十三億美元，其次是威士忌及伏特加，分別約八百四十億美元和五百零三億美元。雖然消耗總額很高，但幾乎依賴國內消費。若從全球市場的滲透率來看，威士忌和伏特加明顯更具國際影響力。

然而，中國白酒擁有那麼深厚的歷史底蘊，包含了中國人幾千年來的智慧，還有那份崇尚天然，和大自然和諧共處的心態，都很值得我們去推崇給更多人認識，與更多人分享。近年在中國白酒業界內，聽得最多的都是「出海」這兩個字。出海只由兩個字組成，相當簡單，但內裡蘊含的意義十分深厚，而且將會有很多挑戰，絕不容易。

首先，酒雖然對我或很多對酒充滿熱情的人來說是生活必需品，但事實對大部分人來說並非如是。所以跟日用品相比，需要花更長時間推廣和介紹。其次，世界各地都有當地生產的酒，而且很具代表性，例如法國紅酒、蘇格蘭威士忌、美國波本、比利時啤酒等等，競爭相當激烈，而且大部分都已經有非常鞏固的銷售渠道。中國白酒作為後來者，要跑上這條國際賽道並不容易。再者，外國人對中國白酒的認識實在太少，沒喝過的人太多，沒有看過的人相信也為數不少。說實在的，就算是在國內生活的中國人，喝了一輩子中國白酒還不懂的大有人在。

飲食文化的巨大差異也是一大阻力，外國人以馬鈴薯和麵包做主食，不介意用香檳來配早餐；用餐時會一道道上菜，各自一份。反之中國人慣常把全部菜餚放在桌上一同分吃，習慣很不同。

雖然要把中國白酒推廣至全球是很困難，但只要概念正確、方法正確、平台正確、對象正確的話，還是可以做到的。

銷售產品或服務從來都是講供求，有需求才有供應。所以我們「不是讓產品出海，而是讓文化出海」。先打開中國白酒文化，之後才推廣產品。不先推廣產品，雖然可能有進口商會好奇而購買小量，但由於沒有推廣文化，結果賣不動，就不會再進口。很多大品牌都懂得這個道理，並已經開始這方面的工作：茅台先後在不同國家，包括法國、義大利、英國、瑞士、日本、泰國等地舉辦品牌文化活動，透過巡禮展覽、品酒會、品酒嚐菜（Pairing dinner），推動茅台旗下酒款進入國際市場。瀘州老窖也先後在日本、南韓、澳洲、法國舉辦「川酒全球行」的品牌活動，更攜手澳洲網球公開賽、國際乒聯男子及女子世界盃等國際頂級運動賽事，藉著文化、體育、藝術，推動中國白酒品牌國際化。

領軍品牌的資源充足，當然容易推廣中國白酒文化。但其他規模相對較小的又可以怎樣做呢？

香港正是一個可能。香港是中西文化交融的地方，早已經成為國際葡萄酒樞紐及區內葡萄酒貿易和集散中心，對酒精類飲品的貿易有著十分豐富的經驗。加上文化業、餐飲業、旅遊業的發展都相當成熟，能有效地把訊息傳播開去，甚至給予受眾親身體驗。香港在思維上也貼近西方，容易與外國對口交接。因此，各國不同行業，大小品牌都喜歡在香港做營銷推廣。二〇二四年十月開始，香港政府更正式落實以雙層稅制調低酒精濃度高於百分之三十的酒類（烈酒）的稅率。以不多於一公升的烈酒為單位，進口價高於二百港元的烈酒，二百港元以上部分稅率只收取百分之十；而二百港元及以下部分，及進口價在二百港元或以下的烈酒，稅率將維持百分百。這有助中國白酒「先進香港，後進國際」的戰略概念。

要走進海外市場，對象要正確，方法要恰當，策略要有洞察力，並兼具長遠目光。目標客戶不能只聚焦在華僑或海外華人身上。雖則打進華人市場一定比較容易和成效較快，但不夠全面就會有所局限。長遠之策必須有所突破，並拓展至更大的市場空間——外國烈酒愛好者。

「除了走出去，更要走進去」，要融入當地文化，就需要作出調節。調節口味很不現實，也會失去中國白酒傳承下來的特質。大幅度修改包裝，很有機會完全改變中國白酒的形象。各品牌可以香港這中西文化交匯融合的地方為試點，善用地方雖小，但人才多而集中的優點，除了能提高品牌的影響力之外，也能減低推廣成本。最直接的方法是在香港找一些有創新思維、有想法的酒類專家合作，勇於求新嘗試，才能跳出框架。

舉辦中國白酒品飲工作坊

三、海外的中國白酒

當中國白酒各品牌正在摩拳擦掌，計劃走向國際的時候，有沒有想過在中國以外的地區，也有一群人因為深愛中國白酒，正在默默耕耘，追逐他們的夢想呢？

● Sanyou

Sanyou 位於澳洲塔斯曼尼亞（Tasmania）。Sanyou 的意思是三友，代表三位創辦人：Ian、Tim 和 Chris。故事要由二〇一八年，當 Ian 認識 Tim 開始說起。Tim 是一位居住在塔斯曼尼亞的澳籍華人，閒聊時跟 Ian 談及中國白酒，所以即時買了一瓶來嘗試。根據 Ian 所說，他彷彿墜入了愛河似的，想了解中國白酒更多。同年年底，Tim 和 Ian 前往中國，想看看是否可能在塔斯曼尼亞釀造中國白酒。他們參觀了許多酒廠，並在茅台鎮一間家族釀酒廠逗留了很長時間。這間酒廠教會他們釀造中國白酒的所有知識。回到澳洲後，他們便開始嘗試釀造中國白酒，可惜失敗告終。不過有恆心的他們沒有因此而放棄，並找來了 Chris。Chris

是一名研究發酵的專家。結果，三人成功釀造了小批量的中國白酒，並開始這門生意。

二〇一九至二〇二〇年，他們一直研究配方和工藝，他們遵循傳統的固態發酵和蒸餾工藝，終於在二〇二一年一月進行第一次整批發酵。這批酒在陶罐中已經陳年儲存超過三年。

● Baijiu Society

Baijiu Society 是一個英國品牌，他們希望把中國白酒的傳統和文化與西方風格融為一體，將中國白酒帶給新的受眾群體。創辦人 Craig 三十年前在中國工作時已經愛上了中國白酒。為了推廣中國白酒，他大膽地把中國白酒的風味融入手工啤酒，創造出 Baijiu Beer。獨特的 Baijiu Beer 讓英國的消費者體驗到白酒的主要味道和香氣，也讓他看到中國白酒可以跨越文化界限，拓展到新市場。因此，Craig 召集了一群熱愛中國白酒的朋友，決定在英國釀造一系列現代中國白酒。在二〇一九年，Baijiu Society 擴建較早前收購的啤酒廠，並加建蒸餾和調配設備。他們把水果或香料融入中國白酒，已經成功研發六款不同口味。

● Vinn Baijiu

Vinn Baijiu 是第一個在美國釀造中國白酒的品牌，由越南華僑李氏家族（The Ly Family）創辦及經營。據說他們採用的是家庭配方，已經流傳了好幾個世代。那麼是什麼讓這條家庭配方在美國成為品牌呢？

一九七八年，Phan Ly（李潘）、他的太太和五個子女共七人，因為一次驅逐華人的浪潮中，從越南到達廣東省一條村莊。由於李潘在越南時是一名船長，村民便慫恿他一起偷渡離開。他們在海上漂流接近兩個月，李潘一家七口和其他村民終於抵達目的地——香港，並成為難民。他們沒有在香港逗留太久，因為他們很快就被美國俄勒岡州一間小教堂注意，同年正式移居到俄勒岡州。和大部分華裔移民一樣，他們一家進入了餐飲行業，一做便是二十多年。在餐館工作的時候，李潘已經留意到來自中國的顧客有喝中國白酒的習慣，所以退休後一邊努力鑽研家庭配方，一邊申請相關牌照。二〇〇九年，他們獲批蒸餾廠牌照。他們的品牌名稱 Vinn 正取自家族的中間名（Middle name）。二〇一二年李潘過世後，他的太太和子女繼承品牌。產品變得豐富，除一般中國白酒之外，還有混入蜜糖和水果的系列。

● Shan Hai Lan Ryukyu Baijiu（山海藍）

山海藍誕生自日本沖繩縣，由釀造泡盛（Awamori）和甀酒的著名酒廠 Masahiro Shuzo 生產。他們深知中國白酒在中國備受推崇，所以他們也希望嘗試用百分百大米釀造出一款美味的中國白酒。釀酒廠雖小，但他們為了實現目標，一直努力不妥協。山海藍經過兩次蒸餾，酒精濃度保持在百分之四十。

● Taizi New Zealand Baijiu（太紫新西蘭白酒）

由華裔的盧氏兄弟 Sam 和 Ben 創辦。經過他們多年努力和家人的支持，二〇一三年，第一款產自新西蘭的中國白酒正式面世，命名為太紫新西蘭白酒。據 Sam 所說，「太紫」的意思是極致的紫色，象徵高貴與力量。此酒採用了澳洲種植的高粱、新西蘭的小麥、基督城的自流井水和枸杞，以傳統造威士忌的銅製蒸餾器進行三次蒸餾後，沒有在任何陶罐內陳放。二〇二一年榮獲新西蘭烈酒大賽（New Zealand Spirits Awards）中其他植物類烈酒組別（Botanicals & Other Spirits）冠軍。

太紫新西蘭白酒

此酒散發出優雅而不刺鼻的花香，還有一絲絲如香橙的酸度，夾雜著如桂圓的甜。入口清甜圓潤，有張力。後勁強而有力，充分表現出百分之五十八的酒精濃度，餘韻如巧克力的苦澀亦相當吸引。

●世界白酒日（World Baijiu Day）

推廣中國白酒不只是中國人的專利，Jim Boyce 就是一位最佳例子。Jim 是長居北京的加拿大人，二〇一五年開始推動設立每年八月九日為世界白酒日（World Baijiu Day）。他的目的很單純，就是想更多人認識這款全球銷售額最高的酒精飲料。每年全球都有很多酒吧會舉行活動來慶祝這個日子，尤其是創作雞尾酒，使中國白酒更滲透到西方的酒吧文化之中。到八月九日，記得打開一支中國白酒，一同乾杯啦！

第四章

中國白酒的可能性

中國白酒走向全球化的創新思維

潮玩酒杯

要讓外國人購買，或在酒吧、餐廳開一支中國白酒已經不容易，若還要改變飲酒習慣，跟他們說用那些小杯子喝才是正宗喝法，等同更加提升中國白酒的門檻。所以在容器方面，可以嘗試採用

適合品嚐中國白酒的 TTSC 二〇二四限量品酒杯

西方慣用的酒杯，並推廣以品嚐的方式去喝中國白酒。換了一個容量較大的酒杯，便不會像「杯杯清」一樣豪邁地喝，而是每次都以「大家乾杯吧」(Cheers)的形式去品嚐。這樣，豪邁的清杯文化就不會嚇怕外國人，而且不同杯形也能品嚐中國白酒複雜多變的風味。

開始「潮玩酒杯」，是 Kennie 根據二〇一七年為首屆香港品味潮人清酒大賞(TTSA)清酒夜活動構思的「清酒玩酒杯」環節。那是以四款不同杯形的日本手造清酒杯來品嚐不同風格的清酒。大家發現用不同杯形的酒杯來品嚐不同風格的清酒，味道和口感都有所變化，表現很不一樣。於是，我們開始「中國白酒玩酒杯」，並找來了公啟行第三代負責人 Gabriel 一起做「實驗」。

實驗過程中，我們以香氣、口感發揮、味道變化、杯子的物理特

傳統喝中國白酒的小酒杯

質等不同角度切入，嘗試找出哪種杯形的酒杯適合品嚐中國白酒。後來發現，原本專為品嚐威士忌而設計的 Lucaris 無鉛水晶玻璃威士忌酒杯相對適合。

跟傳統用來喝中國白酒的小酒杯不同，這款杯與鼻子之間的距離相對較遠，讓濃濃酒精感不會「一嗅入魂」。杯身底部猶如醒酒器般寬闊，流線形向上收窄的設計讓酒體更順滑，搖晃後香氣更集中向上。香氣不會搶著出來，而是一層一層地慢慢散發，更容易辨別不同香氣。加上水晶玻璃的表面結構非常薄但密度高，酒體有更多空間接觸空氣，使酒體釋放的香氣更持久，香氣和味道更突出。輕盈且薄杯身的水晶玻璃杯，拿在手中時顯得優雅，而水晶玻璃的高折射率令杯中物明亮耀眼，也為品酒提供了觀賞和慢慢品嚐的價值！

TTSC 二〇二四烈酒夜活動

酒杯的入口角度恰到好處，大部分酒液只接觸到舌頭的前、中、後段，只有小量碰到口腔兩旁。這樣更能讓大腦集中接收由舌頭傳來的甜、酸、苦、鹹、鮮，而不是酒精帶來的澀和嗆，更清楚嚐到香型味道的特色。尤其是對初嚐者來說，能慢慢感受散發出來的香氣和味道，可增加享受的樂趣，甚至改變「中國白酒只有嗆」的觀感。

我們後來在 TTSC 二〇二四烈酒夜活動中舉行了三場「中國白酒玩酒杯」大師班，每場都滿座。入場人士包括各種不同酒類經營商、零售商、高端消費者。他們都喜歡這體驗，並重新想像了中國白酒的可能性！

●逐杯慢嚐

要讓中國白酒出海，可以把銷售方法由整瓶賣改為逐杯賣（by glass）。例如一個外國人從未嘗試過中國白酒，出於好奇，躍躍欲試。但要點的話就要點一瓶，的確可能會覺得有點冒險。那為何不一杯一杯地逐杯賣呢？降低價格不單降低嘗試的門檻，更可以多喝幾杯，試到不同味道、品牌或香型。酒吧、餐廳的利潤也會隨之提升，何樂而不為？而且威士忌、葡萄酒早已經實行逐杯賣，消費者也習慣這種模式。不用大費周章地推出新玩法，小改變就已經可帶來大改善。

慢活的生活態度，能讓我們細細感受細節，喝中國白酒也一樣。逐杯賣能慢慢淺嚐不同風格的中國白酒，感受中國白酒的風味變化，在舌上細味匠藝背後的文化風采。讓自己重新想像品嚐中國白酒這回事，大家便會對中國白酒刮目相看！當然，因應場合和酒本身的風格，有時也可豪邁地舉杯一飲而盡，不用拘泥。只是增加對品飲方式的認知，知道中國白酒有不同檔次的質量，能讓我們隨心所欲地飲用。所以「杯杯清」並非唯一的品飲方式！

●品酒嚐菜

品嚐美酒的同時要品嚐菜餚。當中國白酒要配搭菜餚時，第一時間你會想到什麼菜式呢？配中菜？當然一定可以，就如義大利紅酒配薄餅或肉醬意粉，日本清酒配刺身。但中國那麼大，每個地區的飲食喜好也不同，如果配對不當，會使酒和食物的味道受影響；相反若配對得宜的話，不單使美酒與佳餚達致平衡，甚至能互相提升風味。然而要推廣中國白酒文化，就不要只局限在吃中菜時才喝中國白酒。舉日本清酒為例，日本花了長年累月來推廣，才漸見成效。大部分人可能以為清酒已經非常普及，但其實只有香港而已。因為香港有很多日本餐廳，加上經過教育，市場推廣才漸見成效。大部分外國人只會在吃日本菜的時候才喝清酒，還有人見到清酒清澈透明，便誤以為會「好嗆喉」而卻步。推廣中國白酒，需要與對品酒嚐菜有足夠經驗的專家合作。不要總是老生常談，認為中國白酒只能配中菜。要懂得拆解味道的來源，有心有力地勇於求新嘗試，敢於發掘中國白酒配搭不同菜餚的可能性。

首先，中國白酒的品酒嚐菜和葡萄酒有很大分別。喝葡萄酒的時候，一般不會完全吞嚥食物，大多會留一點在口腔裡，讓食物和葡萄酒的味道互相發生關係。但由於中國白酒酒精濃度高，會建議先咽下食物，讓油脂或澱粉質在口腔和食道內形成保護層，緩解酒精的刺激感的同時，也能使喝酒的過程更加舒適。加上中國白酒的味道相當複雜，口感層次豐富，適合清腔後才飲用。這樣不但使味覺體驗純正，而且更能清楚地感受醬香、窖香、陳香等味道，又不失食物的餘香。中國白酒十二香型各有特色，可配搭各式各樣的菜式，以下分享我的配對心得。

醬香型白酒

帶有獨特的黑醬油和中式甜醬等濃郁醬香味，而且酸度夠，味帶辛辣。酸菜魚會是一個非常好的選擇。魚和酒的酸辣雖然性質上不同，但味覺上可以互相配合。再剛勁的白酒也不會掩蓋魚的味道。

西式配搭方面，我首選法式煎牛扒，還要撒上適量岩鹽。其實漢堡扒或漢堡包也可以，因為油脂含量高，牛肉的鹹味和腥味與醬香型白酒的醬油味十分匹配，牛肉的燒焦味和酒的焦香味又有異曲同工之妙。

但最具創意的會是韓式芝士炸雞。好吃的韓式芝士炸雞，特點是香口的炸漿能完美地鎖住肉汁，配搭帶甜、帶酸、帶鹹、帶辣等的濃醬汁。除了跟醬香型白酒的味道配合之外，香嫩的炸雞和炸漿能提升酒的濃度，增強酒感。白酒的乾身又能解去炸雞的油膩感，讓口感昇華。

濃香型白酒

根據地區性法則，川菜如水煮牛、水煮魚、口水雞等一定能與濃香型白酒配搭；但如採取味道的法則，濃香型白酒可以有更大突破。濃香型白酒的窖香和糧香，會有一種泥土、草本植物或草青味，所以可以配搭新鮮的希臘沙律，如果有火箭菜就更相得益彰。濃香型白酒獨特的菠蘿果香和酒感，會使單調的沙律多了一份層次。但記得必須要配搭芝士，因為芝士的鹹度能有效中和中國白酒的酒精感。

如果是綿柔濃香型白酒的話，另一絕配是潮州菜的濃味擔當——韭菜豬紅。韭菜的草青味和白酒的窖香十分配合，鹹味又能中和酒精的刺激感。綿柔濃香型白酒的綿柔感和豬紅的幼滑口感如出一轍。

清香型白酒

由於清香型白酒一清到底，不適宜搭配味道太濃、太複雜的菜餚。但也就是因為這份清香，配搭的可能性比較高，組合也較多。因為中國白酒有解膩的功效，建議配搭肥膩的佳餚，例如梅菜扣肉、英式慢煮豬腩肉卷。如果要選擇不太肥膩的菜式，建議搭配泰式生蝦和胡椒豬肚湯。很多時候，吃泰式生蝦都會配上辣椒和生蒜，配料的辛辣正好跟酒精的辛辣感相輔相成，清香型白酒更能帶出生蝦的鮮味。而胡椒豬肚湯和高酒精濃度的白酒在本質上都有暖胃驅寒的作用。一啖熱的辣湯，一啖清香的中國白酒，人生一大快事！

兼香型白酒

印度咖喱採用了很多種香料烹調而成。各種香料經過處理後，能兼容在咖喱之中，講求的是平衡和互補，跟先濃後醬或先醬後濃的兼香型白酒很相似。而最能錦上添花的是，兼香型白酒的香甜餘韻能被印度咖喱後段的辛辣帶起，使餘韻更加悠長難忘。

鳳香型白酒

中菜以外首選美國紐約的經典美食——水牛城雞翅。水牛城雞翅的味道主要來自醬汁，甜、酸、辣、香兼備是水牛城雞翅的特色。這正正和鳳香型的五味俱全而各不出頭的味道不謀而合，能互相輝映，相互平衡。

米香型白酒

建議配搭新加坡正宗海南雞飯。黃油熟飯的米香、雞件的幼滑口感，跟米香型白酒的香氣和酒體都十分匹配。再配上三色醬汁：薑蓉、辣椒醬和黑醬油，甜酸、鹹辣的醬汁能中和米香型白酒的酒精辛辣感，又適量地增加辣椒醬的辛辣感，使味道更加多變和複雜。

老白乾香型白酒

由清香型演變出來的老白乾香型白酒，都是以清雅、清新的花香為主導，所以適宜配搭一些味道較清淡的料理。海鮮就最好不過，例如花雕蛋白蒸蟹。如果喜歡辣一點的，可以配搭辣酒煮花螺，使辛辣的酒精感能相互碰撞。

芝麻香型白酒

芝麻香型白酒獨特的焦香跟煲仔飯的飯焦真是完美配搭，加上來自醬香的黑醬油味和中式甜醬跟豉油的配合，可以說是天衣無縫。

另一絕佳配搭是新加坡喇沙。芝麻香型白酒散發出的鹹香能帶出喇沙海鮮的鮮味，而香多於辣的喇沙湯汁能夠襯托酒的芝麻香和酒精微微辛辣感。差不多吃完時，我會往湯裡滴一兩滴芝麻香型白酒，喝一口湯回味無窮。

特香型白酒

西班牙海鮮飯是創意配搭之選。特香型白酒中的微甜，能中和西班牙海鮮飯的鹹味和酸味，使海鮮的鮮味更突出。酒的黏稠感和米飯非常匹配，令口感更彈牙。或可以選擇義大利巴馬火腿（Parma ham）或西班牙黑毛豬火腿（Ibérico ham）等冷盤，鹹香和肉質油脂跟特香型白酒的柔和焦香十分配合。

馥郁香型白酒

一口三香的馥郁香型白酒，無論香氣或味道都相當複雜濃郁，適合配搭各類濃味的芝士，尤其是藍紋芝士。當芝士在口中融化的那一刻，喝一口馥郁香型白酒，酒精的醇香和酒本身的鹹香跟芝士結合，使味覺昇華。

另一絕配是沙嗲，酒跟醬裡的花生就是好搭檔！所以，馥郁香型白酒自然也會配搭馬來西亞的特色美食——椰漿飯（Nasi lemak）。酒的辣味能提升飯的辣味，使刺激感倍增。米飯的椰香跟白酒的綿甜十分配合，是完美絕配！

豉香型白酒

豉香型白酒適合配搭香口的叉燒或燒肉。從原料的角度來看，叉燒或燒肉和浸泡過肥豬肉的豉香型白酒可以說是殊途同歸。味道方面，白酒的微酸不單可以解膩，餘韻的微苦更可以和叉燒或燒肉的焦香互相呼應，使餘韻更加悠長，回味無窮。

藥香型白酒

最適合的配搭，莫過於同樣混合多種中藥材，加上不同香料，源自馬來西亞的肉骨茶。除了味道上沒有違和之外，藥香型白酒漂亮的酸度能和肉的蛋白質發生反應。除了可以解膩，也可以提鮮提香。而且肉質能改善白酒的口感，使其更加柔滑。

鹹味能中和酒精的刺激感，使中國白酒更易入口，同時能增加唾液的分泌，使中國白酒的餘韻更加悠長。但始終高酒精和高鹽度容易導致脫水，建議吃喝時也要多喝開水。

中國白酒年輕化

讓中國白酒「跑出去」需要長時間推廣，放眼年青人才是未來。了解年青人的喜好，提出針對受眾的聯乘，讓他們提早認識中國白酒，從而提高對中國白酒的興趣。推出不同類型的聯乘產品，確實是有成效的方法。例如茅台咖啡、珍酒雪糕，還有各式各樣用中國白酒調研出來的新派雞尾酒（Cocktail），這些都能吸引年青人的目光。但要留意品牌的市場定位，這樣是行之有效的長期策略，還是短期噱頭？現在的年青人更加追求時尚品味，不能

茅台咖啡

過分側重年青人市場而被帶偏。畢竟中國白酒的核心價值是歷史文化、匠藝及味道的傳承。而品味都是成長的進程：像是小孩子愛喝汽水；到成為年青人，會喜歡和朋友暢飲手工啤酒和咖啡；再長大一點，人生經歷更豐富，消費能力也提高了，便會開始追求品味，也就開始品嚐葡萄酒、威士忌、以至中國白酒等等。氛圍的營造、朋輩間的互動等因素，都值得思量。

茅台雪糕

後記

要用文字來表達眾多複雜的釀造工藝和過程，的確不容易。要深入了解，不止要融會貫通，更要有清晰的思路，專注的集中力，才能把腦海的影像轉化成文字。感謝天父給予我這方面的能力，在這個看視頻也要倍速加快的世代，這種不容易令我更珍惜文字的寶貴。

我衷心佩服前人釀酒的智慧。中國白酒博大精深，混合了傳統和科技創新。除了包容及尊重天然，釀造過程中無添加酵母、無添加硫化物、無添加乳糖、無添加色素之外，釀造工藝和釀造者的經驗傳承同樣重要。感恩我能成為箇中一分子，為這工藝盡一分綿力。希望讀畢這本書的你，能對中國白酒有所體會，倍感興趣；希望「老酒新杯，潮品慢嚐」能成為品嚐中國白酒的新潮流。

「潮」不可只是外表，從內心「潮」出來才能表達這份態度。正如內心沒有那團火，是不能唱搖滾歌曲。要「潮」得起，內在的知識雖然重要，但尊重傳統同時勇於突破和追求創新，願意為事物注入新思維，才是推動尋求知識的引擎。希望大家對中國白酒繼續熱情如火，一起由心「潮」出來，一起繼續「潮」得起！

附錄

探索中國白酒之旅

一、水井坊博物館

成都是一個我很喜歡的城市，除了有熊貓基地之外，水井坊博物館也很值得大家參觀。兩年多前專程到成都上課，當然不會錯過參觀的機會！

水井坊被譽為「中國白酒第一坊」。一九九八年八月，在成都

水井坊博物館內的酒罈模型

全興酒廠水井街麴酒生產車間發現一個老酒坊遺址，總面積達一千七百平方米。裡面有大量珍貴的出土文物，包括攤晾堂、不同時代的古窖池群、陶瓷酒具等等。考古學家已證實這個遺址有六百年釀酒歷史，是年代最久遠，延續性最強，而且保存得最為完整的傳統酒坊，可以說是活生生地展現中國白酒釀造工藝整個流程。

博物館位於錦江區，靠近合江亭。交通很方便，只要乘坐地鐵二號綫到東門大橋站下車，步行約七分鐘便到達。博物館可以即場購票，並提供大約半小時的導賞團。每天有幾個時段，建議可以早點去，先購票，等候時可以在一樓的大廳先觀賞水井坊的發展史。發展史描述得相當細緻，布局上也十分花心思。由宋代的錦江春開始介紹，到明清時代的福升全，再到五、六十年代的成都酒廠和全興酒廠，內容豐富，圖文並茂，很有觀賞價值。

導賞團的品飲環節

導賞團的介紹也相當專業，跟著導賞員進入遺址的核心地帶，可以看到濃香型白酒的生產環境。導賞員詳細解釋每個製作工序和需要用到的器具，包括窖池、天鍋等。最後還可以坐下來，品嚐兩杯不同批次的水井坊白酒，是一場非常好的體驗。

水井坊在二〇〇六年已被國際酒業巨頭英國帝亞吉歐（Diageo）集團看中，經過多次收購後，二〇一三年七月，帝亞吉歐集團正式全資擁有水井坊集團公司的股份。依靠帝亞吉歐集團強大的國際營銷網絡，水井坊也一躍成為國際級品牌，水井坊在很早期已經在全球多個國家包括美國、澳洲、日本、韓國、泰國、新加坡發售，絕對是中國白酒走向國際的代表品牌之一。

地址｜成都市錦江區水井街十九至二十五號

水井坊博物館

二、嶺南酒文化博物館

嶺南酒文化博物館位於佛山，是石灣玉冰燒的主場。由廣州出發，坐地鐵廣佛綫在魁奇路站下車，轉佛山地鐵二號綫在石灣站下車，步行約十五分鐘便到達。

嶺南酒文化博物館免費入場，逢星期一休館。進入博物館前，你必會被三個圓柱狀的「龐然巨物」所吸引。那是酒廠的米倉。參觀當天，剛好有工人把大米送到米倉安置，證明這個巨型米倉至今還在提供服務。這三個大罐的存米量高達三千六百多噸！

一樓是銷售賣場，提供不同款式、年份、包裝的石灣玉冰燒及其集團旗下品牌如陳太吉酒等等。服務員建議先乘電梯到五樓參觀，最後才回來買酒。五樓是博物館的頂層，有一個遼闊開揚的天台，可飽覽東平水道寬闊美麗的河景。室內有好幾個人像雕塑，尤其是詩仙李白喝醉酒睡覺的形態，非常栩栩如生。

博物館介紹中國白酒的發展史，展示各式各樣的釀酒工具和容器，包括青銅蒸餾器、陶花觚、陶酒埕等，還有不少文獻記載的複製品，很有觀賞價值。接著簡介生產工藝，全部介紹都是中英對照。除了介紹豉香型白酒工藝以外，還有簡介十二香型以外清雅型白酒的工藝。

三樓是陳太吉酒莊，介紹當年創辦的歷史、經營的業務等等，收藏了大量發酵用的小陶罐和儲存用的大陶缸，更陳列一部巨型臥式連續蒸飯機，每小時可以處理四千公斤大米！

豉香型白酒發酵容器的模型

雖然整個過程沒有品試中國白酒的環節，但一樓有一家咖啡館，提供一款加入酒精濃度百分之二十九豉香玉冰燒的拿鐵。賣相相當討好，採用了經典的石灣玉冰燒玻璃瓶盛載。享受著厚厚的幼滑泡沫同時，聞到豉香和咖啡香，半天行非常滿足。

地址｜廣東省佛山市禪城區石灣鎮街道江濱路一號四座

巨型米倉

三、貴州國台酒廠

現在到貴州十分方便，坐高鐵由西九龍站出發到貴陽東站，行程約五小時。再乘車大約兩小時半便到達茅台鎮。除了參觀紅軍四渡赤水紀念塔、一九一五廣場等之外，還可以參觀茅台鎮第二大釀酒企業貴州國台，了解他們近年重點投資研發的「數智釀造」。

數智（Digital Intelligence）是貴州國台近年重點的創新改革，利用科技提高釀造效率，保證每一支酒的品質穩定性，實踐採用「創新系統，複製傳統」。感謝貴州國台的安排，更要感恩參觀那天剛好是第四輪次取酒的日子，室外空氣中已經充滿了酒糟的香氣，還可以看到上甑、蒸餾、取酒的全自動化操作流程。

醬香型白酒的 12987 工藝，每年才取酒七次，能夠親眼目睹實在難得。如果不是取酒日，機器就不會啟動。車間位於國台大廈旁，是一棟有三層地庫，共八層高的樓房。和傳統平面的釀造車間很不同，貴州國台的車間向上發展，頂層是攤晾區，下面一層是潤糧區，接著是原料和輔料暫存區，如此類推。每層的分工非常清晰，地面那層是上甑區、窖池區和中央控制室。窖池區裡有大約十個為一排的石壁泥底窖池，一共有九排。每排都有一個巨型機械臂，負責從每個窖池刮出分層的糟醅，然後像夾娃娃般準確無誤地把刮起的糟醅運送到上甑區。

上甑區更令我大開眼界。一般糟醅上甑是由經驗豐富，手藝超卓的師傅負責，因為糟醅不單止要平均分布在甑上，也需要足夠空間疏氣，才能蒸餾出好酒。過程講求輕、鬆、薄、準、均、平，沒有經過長時間訓練是不可能做到的。不過眼前這幾部上甑機械人，以剛柔並重、時快時慢、忽高忽低的手勢不停轉動，像耍功夫一般，每次都精準且規律地把糟醅上甑。

數智釀造可以節省人手，由中央控制室人員負責操作機器，每一排亦只有一名工作人員觀察機器的運作。蒸餾取酒過程也是全自

智慧酒庫的監控畫面

動化，只見多條不同功能的不鏽鋼喉管井井有條地縱橫交錯，效率之高確實令人拍案叫絕。

接著到恆溫恆濕的倉庫參觀正在陳年儲存的酒罈。倉庫樓高好幾層，每層已經智能化，酒壇會前後、左右、上下升降，運送到正確的安放位置，節省不少空間。

最後安排品飲不同輪次的基酒。醬香型白酒一個週期取酒七次，因此可以品嚐七輪酒。酒廠還提供一款窖面酒和一款窖底酒供比較，十分貼心。

地址｜貴州省遵義市仁懷市三渡路

左｜多層式智慧酒庫

右｜提取糟醅的機械臂

四、貴州藏酒天然溶洞

貴州之行的一大重點是與拍檔參觀全茅台鎮最大的藏酒天然溶洞。沒有事先安排下突然受到酒廠的邀請，使我喜出望外。

由茅台鎮出發，坐車大約四十五分鐘，途經不少彎曲的山路。當天下著毛毛細雨，車輛一路開往深山，像尋幽探秘一般，心情有點緊張又興奮。

天然溶洞一般由雨水侵蝕而成，要經過幾千年，甚至幾百萬年才能夠形成。這個溶洞深入地底，十分龐大！雖然加建了樓梯、扶

左｜陳年儲存酒罈

右｜溶洞內的酒罈

手和有限度的照明設施，但始終光線不是很充足，很多時候都需要手電筒才能看清楚。溶洞目測深度估計有五、六層樓，雖然沒有被酒廠完全開發，但已經擺放了大大小小的酒罈，數目之多，不計其數！

溶洞內相當清涼，而且濕度高，不時聽到從岩石隙罅流出來的水滴落地面。在沒有陽光的情況下，天然溶洞能做到恆溫恆濕的效果，是保存中國白酒的最佳環境。

幸得酒廠允許，我們還可以即時品嚐在酒罈存放超過三十年的醬香白酒！由於溶洞不對外開放，所以沒有杯子，只可以用量杯來盛載酒液。醇化了的酒香氣十分出眾，優雅的醬油和鹹香不單相當明顯，輕輕的煙燻香氣也十分吸引。入口如絲般幼滑，酒體溫醇，餘韻乾淨帶甘，悠長清甜，別有一番風味。

第一次用量杯來品嚐中國白酒

鳴謝

感恩天父的恩典，讓這本書成功出版。

多謝香港三聯的編審團隊對我的信任，能以這本書來告訴讀者中國白酒真的「潮得起」！

多謝我的經理人兼拍檔 Kennie，你的能力就如定海神針，每當我焦慮、慌張的時候，你往往可以在黑暗中見到出口。有你的提點，這本書才能夠面世！《中國白酒潮得起》這書名也是由你命名，一語中的地道出這本書的願景和使命。你本來對中國白酒敬而遠之，但自跟我一起體驗中國白酒後便改觀，更跟朋友們分享你的改變，讓更多人走進中國白酒的世界，現在甚至認為中國白酒「潮得起」。看著你的改變，在推廣中國白酒文化，並讓人重新品嚐中國白酒的道路上，給予我莫大的鼓勵！

多謝一直支持我的家人，每次工作活動時，你們都會現身支持。幸福不是必然，要每天愛你們多一些。

多謝我的兒子，你的自律讓我不敢怠慢放鬆。這本書能如期交稿，你都有功勞。

多謝蜜蜜啤團隊和品味潮人團隊的每一位。每一次活動你們都全力以赴，有你們一起共事真好。

[書名]
中國白酒潮得起

[作者]
方啟聰

[責任編輯]
林可淇

[出版]
三聯書店（香港）有限公司
香港北角英皇道四九九號北角工業大廈二十樓
Joint Publishing (H.K.) Co., Ltd.
20/F., North Point Industrial Building,
499 King's Road, North Point, Hong Kong

[香港發行]
香港聯合書刊物流有限公司
香港新界荃灣德士古道二二〇至二四八號十六樓

[印刷]
美雅印刷製本有限公司
香港九龍觀塘榮業街六號四樓A室

[版次]
二〇二五年七月香港第一版第一次印刷

[規格]
大三十二開（140mm × 210mm）一六八面

[國際書號]
ISBN 978-962-04-5688-6

三聯書店
http://jointpublishing.com

JPBooks.Plus
http://jpbooks.plus